EXPÉDITION
SCIENTIFIQUE
EN MÉSOPOTAMIE

EXÉCUTÉE PAR ORDRE DU GOUVERNEMENT

DE 1851 A 1854

PAR MM. FULGENCE FRESNEL, FÉLIX THOMAS ET JULES OPPERT

PUBLIÉE

SOUS LES AUSPICES DE S. E. M. LE MINISTRE D'ÉTAT ET DE LA MAISON DE L'EMPEREUR

PAR JULES OPPERT

TOME II

DÉCHIFFREMENT DES INSCRIPTIONS CUNÉIFORMES

2e **Livraison**

PARIS

IMPRIMERIE IMPÉRIALE

M DCCC LVIII

LIVRE II.

INTERPRÉTATION DES TEXTES ASSYRIENS DES ROIS ACHÉMÉNIDES.

CHAPITRE PREMIER.

INSCRIPTION DE XERXÈS A VAN.

On n'arrive à l'intelligence des textes provenant de Ninive et de Babylone que par l'interprétation des inscriptions trilingues des Achéménides. Il est donc nécessaire d'analyser les traductions assyriennes dont sont accompagnés les documents perses pour donner une idée de la langue dans laquelle les monuments de Babylone et de Ninive sont rédigés.

Mais, quelque importantes que soient ces traductions des inscriptions perses, nous n'aurions jamais triomphé des difficultés qu'elles présentent, si nous n'avions appelé à notre secours les documents assyriens et babyloniens proprements dits, et éclaircissant des questions restées sans explication par les documents trilingues. Nous devons à notre grande richesse en inscriptions *unilingues* des indications que nous chercherions en vain dans les documents de Persépolis et de Bisoutoun.

Ce fait, en grande partie généralement, a échappé à ceux d'entre nos devanciers qui ont voulu interpréter les textes assyriens des Perses avant les documents de Ninive et indépendamment d'eux. De là le peu de succès de leurs déchiffrements; il est impossible, nous le répétons, de lire une seule ligne des inscriptions sémitiques des Achéménides, dont pourtant nous connaissons le sens, sans le secours des documents dont celles-ci nous donnent l'intelligence.

La cause en est facile à concevoir pour ceux qui nous ont suivi dans l'exposé de l'écriture anarienne. Les idées sont interprétées par des monogrammes, ou simples ou complexes. Nous n'insisterons pas sur les signes idéographiques qui expriment seuls une idée, telle que « roi » ou « dieu, » on les reconnaîtra sans les prononcer; mais, quant aux groupes de monogrammes, qu'en fera-t-on? On les a lus comme des mots écrits en caractères phonétiques, et quelquefois on s'est vu forcé d'admettre des mots qui ne sont d'aucune langue.

Il est bien à regretter que le document le plus important appartenant à cette catégorie soit précisément le plus mutilé. Nous ne possédons, en effet, que la partie droite de l'inscription de Bisoutoun, de sorte que nous n'avons, de ce texte, que la fin des lignes. Nous ne saurions, en conséquence, le prendre comme point de départ, et nous devons plutôt choisir une inscription qui, quoique incomparablement moins considérable sous le rapport de l'étendue et de l'importance, a au moins l'avantage d'être complète.

I. Nous commençons par l'inscription de Xerxès qui se trouve à Van, attendu qu'elle renferme beaucoup de mots qui ne se trouvent pas dans les autres textes. Voici le texte perse :

Baga vazarka Auramazdâ hya mathista bagânâm . hya imâm bumim adâ . hya avam açmânam adâ . hya martiyam adâ . hya siyâtim adâ martiyahyâ . hya Khsayârsâm khsâyathiyam akunaus . aivam parunâm khsâyathiyam . aivam parunâm framâtâram.

Cela veut dire :

« Un grand dieu est Ormuzd, qui est le plus grand des dieux, qui a créé cette terre-ci, qui a créé ce ciel-là, qui a créé l'homme, qui a donné à l'homme sa supériorité, qui a fait Xerxès roi, seul roi sur beaucoup de rois, seul empereur sur beaucoup d'empereurs. »

Voici la phrase en assyrien :

On voit que le commencement de cette inscription, tout en respectant le sens en général, ne sacrifie rien de ce qui caractérise le génie de l'idiome sémitique; mais nous avons maintenant à expliquer lettre par lettre et mot pour mot.

Le mot *baga* « dieu » est traduit par le signe 𒀭, forme moderne de 𒀭, figure de l'étoile, dont elle rend également l'idée. On comprend la pensée qui s'attache à cette image, la plus propre à exprimer la notion de la divinité. Ce mot est rendu phonétiquement par 𒄿𒇻 *ilu*, qui est tout à fait le mot sémitique אל, אלה. Le pluriel, signifiant « dieux » dans toutes les langues exprimées par l'écriture anarienne, se dit, en assyrien, *ili*, *ilan* ou *ilui*, אלי, אלן, ou אלהי.

Le perse *vazarka*, persan بزرگ « grand, » est exprimé par 𒃲 𒁍, et la même pensée se trouve, dans les passages parallèles, rendue, ou par le signe 𒃲 seul, ou par le mot écrit syllabiquement *rabu* immédiatement après. Voilà un exemple du complément phonétique; car 𒃲, à lui seul, veut dire « grand, » et 𒁍 est ajouté uniquement pour indiquer l'articulation finale du terme assyrien. Le signe a, en dehors, la valeur syllabique de *gal* (voy. le syllabaire *K.* 110), et dérive du mot scythique employé pour « grand, » lequel est *gula*.

Quant au mot *Aḥurmazda*, nous ne croyons pas avoir besoin de l'expliquer de nouveau, et d'insister sur les manières différentes de l'écrire que nous avons rencontrées dans les inscriptions sémitiques. (Voy. p. 16.)

La phrase « qui est le plus grand des dieux » est rendue par *rabū sa iluï* « le grand des dieux, » c'est-à-dire le plus grand, conformément à la particularité de l'hébreu et du chaldaïque, qui n'ont pas de degrés de comparaison.

Tout ceci est assez clair, mais la phrase qui suit, et dont le sens est « qui a créé le ciel, » ne peut être déchiffrée sans l'aide d'un document babylonien, l'inscription de Borsippa.

Remarquons d'abord un fait qui n'est pas sans importance. Dans toutes les inscriptions scythiques et perses, Ormuzd est nommé le créateur de la terre et du ciel, tandis que la traduction sémitique intervertit constamment cet ordre, et parle du ciel et de la terre. Cette circonstance, quelque insignifiante qu'elle puisse paraître, a sa racine dans les idées cosmogoniques différentes des Sémites et des Ariens, et se rattache peut-être à cette idée d'autochthonie, qui était également la croyance des Scythes. Le premier homme, chez ce peuple, s'appelait Targitaos (Hér. IV, v), dans lequel nous reconnaissons le casdo-scythique *tourkintikna* « fils de la terre. »

Les deux lettres 𒀭𒂊 expriment l'idée de « ciel. » Il était tout naturel que M. de Saulcy et d'autres, en se tenant tout étroitement à l'original perse, y vissent une expression signifiant « terre. » Nous avons déjà parlé de ce monogramme complexe, qui n'est écrit que très-rarement en caractères phonétiques. Le passage qui nous en donne l'interprétation se trouve dans l'inscription de Nabuchodonosor, découverte au Birs-Nimrod par les Anglais. La qualification ordinaire du dieu Nebo est exprimée ainsi dans la première colonne de la grande inscription de Londres :

pa - ḳid. kis - sa at. samí. u. irṣit.

C'est-à-dire «qui surveille les légions du ciel et de la terre.» Nous trouvons, pour les derniers mots, dans l'inscription de Borsippa :

sa - mi i. u. ir - ṣi - tiv.

Nous apprenons ainsi que les Babyloniens nommaient le ciel שְׁמִי *sami*, et nous n'avons pas besoin de rappeler au lecteur les autres formes sémitiques.

En laissant, pour le moment, de côté le mot «creavit,» occupons-nous tout de suite du mot «terre.» A Van, il se trouve écrit *ki-tiv*. On savait depuis longtemps que le signe cachait un *t*, mais la véritable valeur n'est connue que par les syllabaires de Londres, qui l'expliquent par *ti im* et *ti iv*, donc il est *tim* ou *tiv*. Le même terme est écrit, ou *ki* tout court, ou *ki ti*, ou *ki ta*[1], et tous ces signes désinants n'indiquent que le mot exprimé par ce monogramme finissant en *t*.

Du reste, même l'inscription *C.* de Westergaard donne la forme *irṣitiv* «la terre,» à l'état emphatique des Chaldéens. Nous y reviendrons, mais nous devrons nous occuper d'abord du signe , forme babylonienne moderne de l'archaïque , de l'hiératique , dérivé de l'image d'un enclos, d'une terre cultivée. Le syllabaire *K.* 110 donne, pour le signe , les valeurs suivantes (en voici les formes assyriennes : et) :

ki i		*ḳar - tuv*	קַרְתָא «ville.»
id.		*as - ru*	אַשְׁרָא «place.»
id.		*ir - ṣi - tuv*	אַרְצְתָא «terre.»

Un autre terme, qui se trouve encore pour exprimer «terre,» et qui semble allié au mot usité pour «ville,» est *áḳḳaru*, que nous expliquerons plus tard. Il importe de dire ici quelques mots des formes telles que *irṣituv*, *irṣitiv*, *irṣitav*.

On remarque souvent, en assyrien, que les mots, au lieu de finir simplement par une consonne, sont écrits par un signe qui représente les syllabes en *am*, *im*, *um*; là où nous attendions la finale *n*, par exemple, nous lisons *nam*, *nim*, *num*.

[1] Ces deux signes ensemble ont la valeur de la conjonction *vers*, et le son de פָּן *pan*.

Un concours de circonstances nous en a fait trouver la raison. Ce ne pouvait pas être seulement la fluctuation de l'orthographe; car les signes *ta*, *ti*, *tu*, *at*, *it*, *ut*, auraient suffi pour exprimer le *t* : nous avons donc dû rechercher une raison moins superficielle.

En outre, cette prolongation ne s'observe que dans les substantifs, et n'a pas lieu dans les verbes. Donc ce n'était pas une particularité purement euphonique ou graphique, mais elle devait avoir une valeur grammaticale.

Je me demandai : Ce complément serait-il destiné à suppléer à une imperfection de la grammaire assyrienne?

La réponse n'a pas été difficile à trouver.

Cet appendice remplace l'article, qui ne se trouve pas en assyrien, pas plus qu'en araméen. Mais pourquoi le *ta* seul changeait-il avec *tam* ou *tav*, le *ti* et *tu* avec leurs composés correspondants *tim* et *tum?*

Parce que l'assyrien antique, de même que ses langues congénères, avait une *mimmation* analogue à la nunnation, au تنوين des Arabes. Il est des savants, comme M. Fresnel, par exemple, qui soutiennent l'ancienne prononciation de la nunnation, et nous croyons que c'est avec raison. Mais, comme le *noun* final correspond souvent au *mim* en hébreu, la mimmation était aussi répandue que le fait grammatical observé chez les Arabes.

M. Munk a déjà comparé des formes hébraïques en ־ָם, comme יומם, אמנם, ריקם, aux accusatifs pleins en arabe يوماً, ابداً, et cette idée a été complétement confirmée par l'écriture assyrienne. Je dis par l'écriture, car la prononciation a laissé tomber cette forme, et il est fort probable que l'on écrivait encore ce que l'on ne prononçait plus. Le *m* final semble s'être adouci en un *v*, puis s'être effacé complétement; précisément comme, en arabe, la voyelle seule suffit là où le préfixe démonstratif ال a pris ses droits. L'araméen, de l'autre côté, conserva le suffixe post-positif, sans prendre l'article, et en abrégeant la terminaison trop longue; l'hébreu, qui se défendait pour les cas ordinaires ce luxe grammatical, l'a conservé dans toute son ampleur pour quelques cas seulement.

Nous aurons, par exemple, le mot בְּעֵלֶת « maîtresse, souveraine, » et nous en connaissons les formes suivantes, en *u* pour le nominatif, et en *i* et *a* pour les cas obliques, précisément comme en arabe :

בְּעֵלְתֻם   בְּעֵלְתֻו   בְּעֵלְתֻא ou בְּעֵלְתֻא
בְּעֵלְתִם   בְּעֵלְתִו   בְּעֵלְתִא   בְּעֵלְתִא
בְּעֵלְתַם   בְּעֵלְתַו   בְּעֵלְתָא   בְּעֵלְתַא

De cette forme pleine, qu'il entendait à Babylone, Hérodote a formé Μύλιττα, tandis que le grec Βῆλτις n'est que la transcription de la forme sans état emphatique.

Cette découverte de l'état emphatique, dérivé d'une ancienne *mimmation*, ne sera pas la seule lumière que l'étude des inscriptions assyriennes aura jetée sur l'ancienne langue commune des Sémites.

La phrase «qui a créé l'homme» vient ensuite. Le mot perse *martiya* est rendu par les deux signes . Nous y voyons le signe du pluriel , donc le texte assyrien renfermera un pluriel.

Nous serions encore incapable de comprendre ce groupe idéographique sans le secours des inscriptions babyloniennes. Nous rencontrons dans les textes babyloniens la phrase :

Elle est consignée dans la grande inscription de Londres (col. I, l. 64, col. IX, l. 31).

ki is - sa at. ni - si.

Nous savions déjà, par d'autres rapprochements, que la valeur phonétique de est *kis*, et qu'une des significations propres à est *sat;* nous apprenons, en outre, que les Babyloniens exprimaient l'idée «les hommes» par le mot נִשֵׁי *nisi*, ce qui rappelle l'hébreu אֲנָשֵׁי, le chaldéen נְשֵׁי, l'arabe ناس. Le nominatif de נִשֵׁי est נִשׁוּ, et nous voyons une suppression du א initial, dont beaucoup d'autres exemples se trouveront encore; nous pourrions même citer, pour ce cas, le syro-chaldéen נְשָׁא.

Mais ce terme, , n'est pas le seul par lequel se trouve rendu, dans les inscriptions trilingues, le perse *martiya*. Nous rencontrons d'abord , le même groupe précédé du signe idéographique «homme,» dont la valeur phonétique semble être *ruḥ*. Il se prononçait *nisu*. Le signe a la valeur «homme,» et signifie en même temps «monde;» il est alors prononcé עָלָם, et est souvent écrit avec le complément phonétique *un. ma.*

Une expression rendant la même idée est . a, parmi d'autres significations, aussi celle de «fils;» mais, avec le pluriel, il prend l'acception «homme.»

Un autre terme est et , le second, seulement, précédé du signe idéographique «homme.» a les valeurs phonétiques *pir* et *liḥ*, mais veut dire «homme, garçon;» la signification qui lui fut attachée répondait au son צָבָא en assyrien, ce qui est le صبى arabe; donc il a également la valeur de *ṣap*.

Mais quelquefois le mot est écrit phonétiquement *a-si-bi-tuv*[1] (Hamadan), pour laquelle expression on voit aussi (*E.* de Westergaard), ce qui n'est que le premier monogramme accompagné du complément phonétique *bit*. En assyrien, on lit souvent אֲשִׁבָת *asibut*, ce qui n'est autre que le pluriel du participe de אשב «sedere,» l'hébreu ישב, d'après la loi phonétique qui change un י״פ hébreu en א״פ assyrien,

[1] n'est autre que le signe plus simple ; c'est la transition de sa forme archaïque .

et veut dire tout simplement «incolæ;» asib en signifie le singulier. Le mot *asibut*, dans sa signification originaire, se lit souvent, à Ninive, dans la phrase :

ilui rabi asibut sami u irṣit u ir sasu.
Dii magni habitantes cœlum et terram et urbem istam.
אֱלֹהֵי רַבִּי אַשְׁבַּת שָׁמֵי וְאַרְצַת וְעִר שָׁאשׁוּ

Une dernière variation nous est fournie, (*D.* de Westergaard), אֲוִלוּתָא *avilutav*, dérivé d'un verbe *aval*, en hébreu «être fort, être le premier,» d'où l'arabe اول, mais qui sûrement a la signification de «humanité.» On reconnaît cette acception, d'abord par le passage cité; mais, ensuite, on la trouve, de plus, confirmée par une tablette de Sardanapale (*K.* 152), où ce mot explique le terme *tí-ni-sí-tuv*, aussi écrit *tí ni sit* dans les inscriptions de Tiglatpileser I. Ce dernier terme, dont le sens «humanité» ressort des inscriptions, vient de נשו «homme,» et se transcrirait תְּנְשִׁית.

Le mot אֱוִל *avil*, du reste, se retrouve dans le nom du fils de Nabuchodonosor : Évilmérodach, en assyrien אֱוִל־מְרֹדַךְ «créature de Mérodach.»

Il n'est pas impossible que la signification assyrienne de *a* «fils, homme,» provienne de ce terme *avil*, qui commence par *a*.

Adressons-nous maintenant aux verbes qui expriment le perse *adâ*. Nous nous sommes déjà prononcé sur ce mot iranien, en le regardant comme le représentant de deux verbes complétement différents en sanscrit, à savoir अधा *adhâ*, ἔθη «il créa,» et अदा *adâ*, ἔδω «il donna.» J'ai avancé, dans mon ouvrage sur les inscriptions des Achéménides, que, dans les trois premiers cas, *adâ* exprimait le grec ἔθη, et, dans le quatrième, ἔδω; et cette opinion, quelque bizarre qu'elle ait pu paraître, a été pleinement confirmée par les traductions assyriennes.

Il est vrai que quelques textes mettent, dans les quatre cas, יִבְנוּ ou יִדְנָה; mais d'autres, plus exacts, comme celui de Van, mettent *ibnu* pour les trois premiers *adâ*, et *iddina* pour le dernier.

Quant à *ibnu*, il faut y reconnaître la troisième personne de l'aoriste de *bana* «bâtir, faire.» Les idées attachées aux mots «créer» et «bâtir» sont très-voisines l'une de l'autre, surtout chez les peuples païens; la notion de «la création du néant» n'existait pas chez les Chaldéens. Ce verbe *bana* est exprimé par plusieurs monogrammes, entre autres par , qui joint à la valeur idéographique de «bâtir, donner,» aussi celle de «se révolter,» et paraît être une altération de l'image de la hache. Cela expliquerait la double signification; à moins qu'on ne préfère admettre l'origine suivante : qui a le son *bib*, commence, en médo-scythique, et *bibda* «il se révolta,» et *bibtusda* «il créa.» D'autres monogrammes rendant בנה sont et (cf. Layard, pl. XXXVIII, l. 3, pl. LXI, l. 3).

La 1re personne de *ibnu* est, אַבְנוּ *abnu*, la seconde est תַּבְנוּ *tabnu*, qui se trouve dans la grande inscription de Nabuchodonosor (col. I, l. 61, col. IX, l. 58), dans la phrase : *atta tabananni*, *atta tabnanni* (celle-ci est la forme plus correcte) אַתָּה תַּבְנְנִי « tu m'as créé. »

La signification de « bâtir » est plutôt exprimée par le paël אֻבַנּוּ *ubannuv* « je construis » (inscr. de Londres, col. III, l. 61), et aussi par le shaphel אֻשַׁבְנִי *usabni* (revers de Khorsabad).

Comme *ibnu* exprime le perse *adâ*, ainsi le participe *banu* correspond au sanscrit धातृ *dhâtṛ*, perse *dâtâr*, persan دادار « le créateur. » Le dieu Bel-Dagon est nommé אַבּוּ אִלְהֵי בָנוּ *abu ilui banu* « père des dieux, créateur, » et la *genetrix* s'interprète par *banit;* ainsi Mylitta est nommée אֻמָּא בָנִתִי « la mère qui m'a enfanté. » De même, les mots assez ressemblants aux termes hébraïques et arabes ne signifient pas *fils* et *fille* en assyrien; au contraire, ils expriment les idées de « père » et de « mère. »

L'idée de « donner, » qui, du reste, est voisine de celle de « créer, » est rendue par les deux verbes assyriens נדן et דנה, qui sont de la même origine que les verbes hébreux נתן et תנה. Cette altération du ת en ד s'observe aussi en chaldaïque, dans la même racine. Les inscriptions babyloniennes des Achéménides semblent avoir confondu ces deux verbes : car c'est surtout de la confusion de *id-dan-nu*, 3e pers. aor. de l'iphtaal[1] de דנה *dana*, et de *iddin*, kal de נדן *nadan*, que sont nées les deux formes hybrides et incorrectes *id-din-nu*, et celle qui se trouve à Van, *iddina*.

La première personne se rencontre souvent dans les inscriptions de Sargon, אַדִּן *addin*. Outre celle-ci, je connais, du kal, le participe נָדִן *nadin* « le donateur » (caill. de Michaux, col. II, l. 17; inscr. de Tiglatpileser I, col. I, l. 2, etc.). Le paël *inaddin* se trouve dans le nom d'un fils de Sennachérib אַסֻר־יְנַדִּנְשׁוּ *Aśur-inaddinsu* « Assour l'a donné, » et ΑCΑΡΙΝΑΔΙC de Ptolémée, tandis que notre forme *iddin* se lit dans le nom de l'autre fils Assarhaddon, en assyrien אַסֻר־אַח־יִדִּן *Aśur-aḫ-iddin* « Assour a donné un frère. »

Le verbe *dana*, qui également remplace le perse *adâ*, se trouve surtout à l'iphtaal; nous connaissons יִדַּנּוּ *iddannu*, 3e pers. aor. et לִדִּנּוּ *liddinnu*, précatif, 3e pers.; ce dernier exprime le perse *dadâtuv* « qu'il donne » (inscr. de Nakch-i-Roustam, s. f.). *Idannu* ou *idanna* (car, dans les verbes ל״ה, la dernière syllabe est souvent indécise) est le second élément du nom de Sardanapale, אַסֻר־יִדַּנָּא־פַּלָא « Assour a donné le fils. »

Le signe idéographique qui veut dire « donner » est, dont les valeurs sont *śi* et *bas* (?); aussi souvent exprime cette idée.

Le mot médo-scythique pour *adâ* est *bisda*, et pour *liddinnu* il est *bisnisni*. Le caractère est souvent exprimé par, avec le complément phonétique *na*, parce qu'il indique aussi le mot *sam*, שׂוּם « poser. »

[1] Nous nommons *iphtaal* une forme spécialement assyrienne, constituée par le redoublement de la seconde radicale, et comparable au hithpaël des verbes hébreux commençant par une sifflante. La forme de l'*iphteal*, dont la seconde radicale n'est pas redoublée, répond à la huitième conjugaison arabe.

Le *dana* et *nadan* n'a, du reste, rien à faire avec les racines אדן, דנן et דון « être grand, juger, » qui en sont complétement distinctes.

Nous aurions donc expliqué, de la phrase suivante, *hya siyâtim adâ martiyahyâ*, tout, excepté le mot *siyâtis*, et la traduction assyrienne ne l'éclaire que peu. Nous lisons le monogramme ; ce qui est écrit dans l'inscription *C.* de Westergaard *du un-ku*. La racine n'est pas *danak*, comme on pourrait le croire d'abord, mais *damak*, et *dunku* est une altération de *dumku* (qui se trouve dans l'inscription de Londres, col. I, s. f.), de même que nous lisons *sundul* pour *sumdul* « præservatio, » et *hansâ* pour *hamsâ* « cinquante. » Ainsi le mot écrit *dimir* « veiller » devient, à l'état emphatique, *dinru* pour *dimru*.

Mais la difficulté de l'explication réside dans le mot דמק, qui n'a pas de correspondant bien exact dans les autres langues sémitiques, car l'arabe دمق veut dire « insérer, » et ne semble pas pouvoir servir ici. Du reste, nous avons beaucoup de dérivés de cette racine, par exemple, מְדַמֵּק, participe paël, דַּמְקְתָא « force, volonté (?), » דַּמְקַת « forteresse (?), ville. » L'idée de la force semble ressortir du contexte; mais on ne saurait assurer que ce soit la force physique, car on pourrait y voir également la force morale. Le docteur Hincks a voulu comparer à cette racine le طوق arabe; mais il y a une difficulté, car, dans ce cas, ce ne serait pas *du un-ku*, mais *ṭu um-ku* qu'il faudrait attendre ici.

Et l'interprétation de ce mot avec le sens de « force » est ébranlée par la traduction de l'inscription de Hamadan, où l'on lit, au lieu de ce terme, *dumku* :

gab - bi. nu uḫ - su.

Le premier mot veut dire « tout » ou « parole; » et le second, נחש, est « la vaticination, la prophétie. » Est-ce qu'il s'agirait, en général, de la langue comme supériorité de l'homme sur les animaux? J'avoue que ce ne serait pas impossible; attendu que le mot perse *siyâtis*, si obscur, peut bien être une forme alliée au ख्या *khyâ* en sanscrit; de sorte que le sanscrit *khyâti* répondrait à un terme *kshyâti* de l'antique langue arienne, où *kh*, surtout dans l'Inde, s'est formé d'une sifflante primitive.

On voit, du reste, que cette idée de *siyâtis* semble renfermer les idées de « supériorité, et morale et physique; » mais le monogramme complexe paraît indiquer plutôt cette dernière. Car est expliqué dans les syllabaires par *ḫar-da-tuv*, חַרְדְתָא « la terreur, » et signifie « terre. » Donc le mot *dumku*, ou *gabbi nuḫsu* indique « la terreur de la terre; » et cette idée est assez vague et assez vaste pour pouvoir comprendre ces trois idées. Le mot אמר a presque ces mêmes acceptions.

La phrase qui suit : *hya Khsayârsâm khsâyathiyam akunaus* « qui a fait Xerxès roi, » est rendue par : *sa ana Ḫisi'arśa śar ibnû*.

Le mot le plus court, *ana*, est le plus difficile à rapprocher des particules sémitiques connues.

Ce mot, aussi exprimé par le clou vertical, veut dire «vers, à,» et remplace, dans toutes ses acceptions, le ל des Hébreux, des Araméens et des Arabes. Cette lettre ne se rencontre pas avec ce sens chez les Assyriens; mais, en revanche, on lit *ana*, mot étranger en apparence. Pourtant on connaît, en arabe, une conjonction أَنْ; celle-ci est, je crois, alliée d'origine à l'assyrien *ana*, bien que l'emploi en soit tout différent.

Nous ne pouvons nous engager dans une digression sur la particule *ana* (elle rappellerait trop celle que l'on fit sur la particule ἄν en grec); nous remarquons seulement ici que l'emploi de ce terme comme signe de l'accusatif était étranger à la véritable et ancienne langue des Assyriens, où il ne remplace que notre datif. L'emploi abusif me paraît être un araméisme où le ל se voit aussi à la place de l'accusatif simple, et il n'y aurait rien d'inadmissible à soupçonner qu'une influence étrangère ait introduit des tournures dans ces inscriptions, qui, à cet égard, s'écartent du langage adopté dans les textes de Ninive.

Le nom de *Ḥisiarsa* est la forme *Khsayârsâ* sémitisée par la voyelle interposée, et non pas par la prothèse. Les Syriens ont préféré ce dernier mode en formant (plus exactement que ne l'est le אֲחַשְׁוֵרוֹשׁ originaire de la Bible) ܐܚܫܝܪܫ, et la forme assyrienne חִשִׁיַרְשׁ donne l'image la plus fidèle de la forme iranienne.

Le mot signifiant «roi» est exprimé par le monogramme ordinaire. Nous n'avons pas à nous occuper des différentes formes sous lesquelles nous le rencontrons : la question porte ici sur la prononciation assyrienne.

La véritable prononciation avait déjà été acceptée par M. de Longpérier, qui lut le nom de Sargon; ce fut ensuite M. de Saulcy (1849), qui la fixa, en s'apercevant que quelquefois un équivalent de ce mot se terminait par *r*. M. Rawlinson lut d'abord *melek*, puis il adopta *sharru* en 1851. Nous avons trouvé la véritable transcription, qui est *śarru*, סַר, et non pas שַׁר, ainsi que l'écrivent les Anglais, mais qui n'a pas de représentant en hébreu.

L'idée de «roi» est rendue par les signes phonétiques. La première lettre se décompose en *sa ar*, mais ce n'est pas là sa seule valeur; les syllabaires l'expliquent par *śa ar*, qui est précisément le son qui convient ici, car «régner, roi,» ne se dit pas, dans les langues sémitiques, שרר, mais שרר ou סרר. En hébreu, le même mot שַׂר veut dire «prince,» et ce mot hébraïque a eu, en assyrien, l'acception de «la royauté suprême.» Le mot *malik*, au contraire, est donné par les rois d'Assyrie aux princes syriens, considérés par eux comme des vassaux relevant de leur puissance impériale.

Nous n'entrerons pas, pour le moment, dans l'exposition des autres termes, et ariens et scythiques, que les monarques assyriens adoptèrent pour se faire reconnaître de tous les peuples de l'Asie; ce sera le lieu quand j'aborderai l'examen des inscriptions de Babylone et de Ninive.

Le mot «roi» se dit סַר, dans l'état emphatique, סַרָא, סַרָא, סָרָא. Comment faut-il prononcer ici? Nous répondons : שחשירשא סר יבנו «qui a créé Xerxès roi; » car, si l'on lisait סרא, ce dernier serait l'épithète de Xerxès, et le sens devrait être «qui a créé le roi Xerxès, » ce que le monarque n'a pas voulu dire.

Nous connaissons un passage qui établit l'exactitude de cette prononciation; il est consigné sur le cylindre dit *de Bellino*, où Nabuchodonosor exprime le titre royal, dans un cas analogue, non pas par le monogramme, mais par la syllabe *šar* seule.

Le passage perse suivant : *aivam parunâm khsâyathiyam, aivam parunâm framâtâram*, bien qu'il ait été expliqué depuis vingt ans, n'est devenu clair que depuis le déchiffrement des traductions assyriennes. Il se traduit littéralement : «unum multorum regem, unum multorum imperatorem.»

J'avais moi-même imparfaitement compris le sens, en voulant expliquer *parunâm* par «beaucoup de monde.» L'assyrien, qui, comme le français, n'admet pas l'ambiguïté, dit «un roi de beaucoup de rois,» de sorte que la traduction sémitique seule nous donne la véritable signification de la phrase.

La version assyrienne dit :

šarru sa šar šarri ma - du u - tu.

La phrase est rendue sous une forme qui ne paraît pas tout à fait assyrienne de langue. Le *sa*, dans cette acception, ne se lit que rarement en ancien assyrien, et non pas dans des phrases de ce genre. Les Assyriens écrivent simplement :

On pourra lire aussi *šar sa šarri*; cependant le redoublement des signes suivis de la marque du pluriel ne se rencontre que dans les plus antiques inscriptions; par exemple, celle de Tiglatpileser I, et l'on a renoncé postérieurement à cette redondance. Dans le vrai style de Babylone, le signe *sa* du génitif ne se met que lorsque le substantif est suivi d'une épithète, par exemple, dans le titre de Nabuchodonosor, פלא רשתן שנבופלאצר «le fils aîné de Nabopalassar.»

La phrase, telle qu'elle est écrite ici, signifie «regem qui est rex regum.»

Nous nous occuperons plus tard de la forme du pluriel, à cause de la nature complexe de la question.

Le mot *madût* est très-intéressant. Son orthographe est encore ici fautive. Les Assyriens rendent la même idée par *ma' dut*, et c'est ce qui nous démontre l'identité du terme babylonien avec le mot hébreu מאד. Nous avons une donnée curieuse dans un syllabaire (*K.* 110).

mi is | | *ma ' - du ut* | מאדת «pluralis, plures.»

Le signe a réellement la valeur de *mis*, par exemple, dans l'inscr. de Londres, col. III, l. 62, où le cylindre de Ker Porter le rend par *mi is*, dans le mot עצמש «fortiter.» En dehors du pluriel, indique le chiffre 80, et il n'est pas impossible que *mis* ait été l'expression touranienne ayant la signification de ce chiffre ou de «beaucoup.» Cette dernière acception est interprétée en médo-scythique par *milla* (peut-être de *misla*).

Pour *madut*, l'inscription de Hamadan semble donner *mahrut*, mais je ne saurais attester l'exactitude de cette transcription.

La phrase suivante : «un empereur de beaucoup d'empereurs,» est rendue très-diversement dans les inscriptions diverses.

Le mot perse *framâtâr* «imperator,» nomen actoris de *fra-mâ* «imperare,» est rendu, dans la plupart des versions, par le participe.

mu - ta , ' i - mi i. (Elvend.)

mu - ti ' i - mi. (Elvend.)

mu - ti ' i - mi. (inscr. *D.*)

Mais, dans notre cas, il se trouve une forme tout autre, qui se lit également dans l'inscription *C*.

u - ta ' a - ma.

C'est la troisième personne de ce même verbe.

Laissons d'abord la forme simple de cette version, pour ne considérer que celle de l'inscription de Van. Elle est très-difficile.

En premier lieu, quel est le sens de la phrase perse? Le roi tire gloire d'imposer sa loi à beaucoup d'hommes dont les volontés sont elles-mêmes des lois. La phrase assyrienne est transcrite :

sa . t-dis-si-su . a-na . nab-ha ar . matât . gabbi . u ta' a ma.

Le premier mot est écrit . Nous avons attribué au clou perpendiculaire la valeur de *dis*. Dans beaucoup de mots, cet élément s'échange avec *di is*, par exemple,

en *ha - di is*, écrit aussi *ha dis*.

en [cuneiform] *mu ud - di is*, écrit aussi [cuneiform] *mu ud - dis*

par exemple, sur les briques de Nériglissor. En outre, le mot

[cuneiform] *mu - di - sa at* « triturans » (inscr. des taureaux de Khorsabad.)

se lit, sur les cylindres de la même localité et dans le même passage,

[cuneiform] *mu - dis - sa at.*

Le clou perpendiculaire a aussi la prononciation de *tis*, dans le mot שַׁלְּתִשׁ *sallatis*, adverbe signifiant « cum deprædatione. »

Nous lisons le mot *idissisu*, et nous le comparons à l'arabe عدس « servir, » car le seul mot hébreu que l'on puisse rapprocher ici, c'est ערשים « lentilles; » donc il ne nous est d'aucun usage. Cette forme grammaticale se décompose ainsi. Le participe des verbes פּ״ע est toujours עֶעֶל; par exemple, de עבש se forme עֶבֶשׁ, de עבר se forme עֶבֶר, de ערל se forme עֶרֶל (le juste, عادل); ainsi le participe de ערש est עֶרֶשׁ, et veut dire « le serviteur. »

Le pluriel est donc *idisi*, et, avec le suffixe de la troisième personne, *idisisu*. Telle serait la forme régulière, mais l'accent tonique qui pèse sur *di* a irrégulièrement renforcé la consonne suivante.

Le mot עֶרְשָׁשׁוּ *idisisu* n'a d'autre sens que « ses serviteurs. »

La première lettre doit être un ע, nous le répétons, car le participe des verbes פ״א et פ״ה commence en [cuneiform], par exemple, אֵלֵר de אלר, אֵשֵׁב de אשב, הֵלֵךְ de הלך.

Les mots suivants, *ana nabḥar matât gabbi*, trouvent leur pendant dans la traduction du mot perse *paruzanânâm*, qui est rendu par *sa nabḥar lisan gabbi;* d'abord *gabbi* exprime différentes fois le perse *haruva*, et veut donc dire « tout, » mais quelle est la signification de [cuneiform]?

La valeur de [cuneiform] est sûrement *nap* et *nab*, car nous le trouvons souvent s'échangeant avec [cuneiform], par exemple, dans le mot *nabnit* « créature, » נַבְנִת de *bana;* et, comme cette formation, נַבְחַר se distingue également par sa forme essentiellement assyrienne.

La lettre נ *n* forme des substantifs de verbes sans leur donner le sens du niphal passif; ils acquièrent, au contraire, une valeur active. Beaucoup de noms propres assyriens se sont formés de cette façon : נִסְרֹךְ « qui relie » (le dieu des mariages), de סרך, شرك[1]; נִרְגַל « qui piétine, » de רגל (le rétrograde), la planète de Mars; נִבְחַז « le lascif, » de בחז; נִנִיף « l'agitateur, » de נוף « agiter, » Sandan (צַמְדָן); נִנְמַר « le gardien, » de נמר; נִנְוֶה « la demeure, » de נוה.

[1] Qu'on rejette donc à la fin cette étymologie inadmissible de נשר « aigle. » D'abord, que faire du ךְ? En outre, l'oiseau que l'on voit sur les bas-reliefs *ne représente pas* le dieu Nisroch.

Il y a, de plus, dans les inscriptions, un grand nombre de termes formés par un נ initial, et je ne finirais pas si je voulais les donner tous : je me borne à citer נִצְרַפְתָא, נִפְשַׁשְׁתָא, formations qui se rapprochent de très-près du chaldaïque נִבְרַשְׁתָא.

Le sens de *nabḥar* se tirera de celui du verbe בחר *baḥar*. La racine hébraïque בחר veut dire « élire, choisir, » et ce n'est pas seulement la notion de « eligere » qui convenait à ce verbe, mais aussi celle de « colligere, accumulare, » signification qui prévaut encore en arabe, où بحر signifie l'accumulation des eaux, précisément comme la Genèse qualifie la mer de מקוה המים. En outre, dans l'inscription, la phrase « les rebelles se réunirent » est rendue par יִבְחֲרוּ גַּמָא, *coïere turmatim*. Nous reviendrons sur cette locution. Le mot assyrien *nabḥar* est donc tout simplement « la collection, l'ensemble, » comme le latin *orbis*. Il est souvent exprimé par le monogramme , par exemple dans la phrase assez fréquente dans les textes : סַתַּת נִבְחַרְשַׁן יַשְׁכְּנִשׁ « il rendit tributaires les pays dans leur ensemble. » (Obél. de Nimroud, l. 18.)

Le mot suivant, , signifie « les pays. » n'est que la forme babylonienne pour la forme assyrienne , et cette lettre nous est déjà connue. Le pluriel se dit *mati* et *matât*.

Le mot présente des difficultés sérieuses. Nous pouvons, jusqu'ici, savoir une chose, c'est qu'il est l'iphteal d'un certain verbe. Le colonel Rawlinson tient ce mot pour parent de טעם, qui, en chaldéen, veut dire « décret; » mais, abstraction faite de la difficulté qui gît dans la signification différente attachée au paël chaldéen, cette identification est détruite par la présence de l'articulation *ta*, qui n'exprime jamais le ט. Le verbe טעם serait écrit par la lettre .

Je crois, au contraire, que le *t* n'est pas radical, et que la racine est עום, forme affixe de עמם, d'où vient le mot « peuple » en hébreu, et le terme rendant « bas » en arabe. Comme les idées de « peuple » et de « domination » sont intimement liées, je ne doute pas que cette racine, au moins dans la voix dérivée de l'iphteal, n'ait eu le sens de « imperare. »

Mais ce n'est pas là la seule difficulté. La forme annonce d'abord une troisième personne masculine du singulier; car *uta'ama* peut être mis pour *uta'am*, comme *askuna* pour *askun*. Alors on pourrait traduire : « qui a imposé ses serviteurs à tous les pays de l'univers. » Et ce serait là le sens le plus naturel, si l'original perse placé en regard ne s'y opposait pas.

De plus, le verbe n'indique pas précisément « imposer, » mais plutôt « gouverner, ordonner; » ces idées sont sans doute très-voisines, mais l'assyrien connaît d'autres termes pour en exprimer la première.

Le sens le plus conforme, et rendu par une construction parfaitement sémitique, serait : « dont les serviteurs ont gouverné tous les pays de l'univers. »

Mais alors se dresse devant nous une autre difficulté. Car, dans ce cas, nous devrions attendre *uta'amu*, le pluriel masculin, et non pas *uta'ama*, qui est le pluriel féminin.

Nous devons nous décider, et nous passons outre sur cette dernière objection; car, à Bisoutoun également, les idées d'armée et de peuple sont quelquefois unies aux formes féminines, et ici les satrapies peuvent être confondues avec les satrapes, si, toutefois, ce n'est pas là purement et simplement une faute comme il s'en trouve et comme nous en constaterons plusieurs.

Pour le dire une fois pour toutes, la langue babylonienne de Xerxès n'est plus celle de Nabuchodonosor, tant s'en faut.

L'emploi du pronom relatif, suivi du suffixe de la troisième personne, ainsi que de celui de la première et de la seconde, est essentiellement sémitique, et le terme שַׁעְרְשֹׁשׁוּ se dirait exactement en hébreu אשר עבדיו.

Nous transcrivons cette dernière phrase ainsi :

שַׁעְרְשֹׁשׁוּ אַן נַבְחַר מַתָּת גַּבִּי יְעַתִּיסָא

Souvent les deux parties du protocole royal sont simplement traduites lettre par lettre, en tant que cela peut s'accorder avec le génie sémitique, qui exprime la phrase non pas comme s'il y avait en perse *aivam parunâm khsâyathiyam* « unum multorum regem, » mais comme si l'on lisait : *aivam khsâyathiyam parunâm khsâyathiyânâm* « unum regem multorum regum. »

Le mot « un » est exprimé, ou par un monogramme 𒁹𒈫, qui se rencontre très-souvent pour rendre l'idée de l'unité, ou par le mot 𒀸𒋾𒅔 *istin*, terme, au premier coup d'œil, essentiellement différent de אחד, واحد, etc. Et, si notre lecture *istin* est exacte, comme nous en sommes convaincu, nous expliquerons par ce moyen un mystérieux numéral composé hébreu, dans lequel se trouve l'élément « un : » nous voulons parler du chiffre onze, עַשְׁתֵּי־עָשָׂר. Dans עשתי s'est alors conservée une antique expression de l'unité, seulement connue à l'état indépendant dans la langue de Babylone. Toutes les conjectures qu'on avait formulées pour expliquer le numéral hébraïque se trouvent ainsi écartées. Nous ferons mieux d'écrire par un *t*, bien que la forme ordinaire soit אחד, et non pas אחת, de sorte que la phrase entière, dans une forme on ne peut plus sémitique, se lirait ainsi :

עַשְׁתֵּן אַן סַרִי מַאְרַת · עַשְׁתֵּן אַן מַעְתִּימֵי מַאְרַת

Je continue l'interprétation de notre inscription :

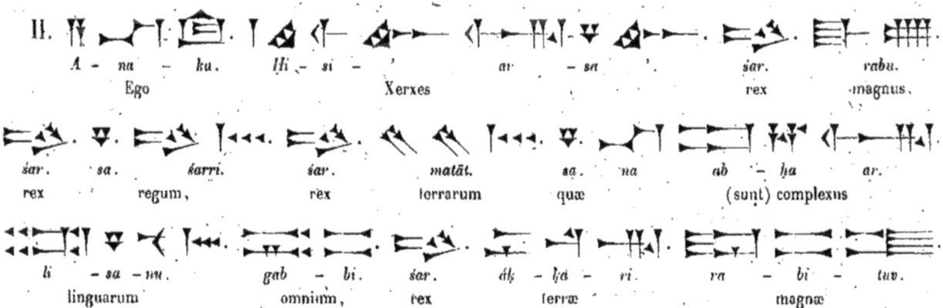

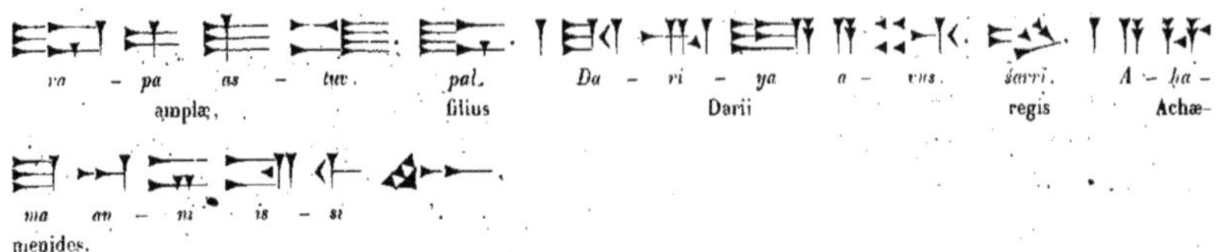

Voici l'original perse :

Adam Khsayârsâ khsâyathiya vazarka khsâyathiya khsâyathiyânâm . khsâyathiya dahyunâm paruvazanânâm. khsâyathiya ahyâyâ bumiyâ vazarkâyâ duraiy âpaiy. Dârayavahus khsâyathiyahyâ puthrâ . Hakhâmanisiya.

Le premier mot de la phrase est le pronom personnel de la première personne, אֲנָכוּ *anaku*, et très-voisin de l'hébreu אָנֹכִי. On a reconnu, depuis longtemps, l'identité originelle de ces deux termes. Très-souvent le même mot est simplement exprimé par [cuneiform]; nous expliquons [cuneiform] comme indiquant « moi, » et [cuneiform] comme le complément phonétique. [cuneiform] rend les syllabes *dis* et *tis*, et précède ensuite les noms propres de personnes du sexe masculin[1]. Comme signe idéographique, il exprime la particule *an*, et « moi, » et alors on y ajoute la syllabe *ku*. Je ne crois pas que, dans ce cas-ci, on doive considérer [cuneiform] comme représentant les syllabes de *ana*.

Dans les lignes suivantes, il y a la traduction des mots *dahyunâm paruvazanânâm*, ce que j'ai traduit par « des pays très-peuplés. » Je ne saurais affirmer que cette version soit complétement exacte; elle est assurément très-défendable. La version babylonienne, qui ne pouvait rendre le mot composé (du genre nommé *bahuvrîhi* dans la grammaire sanscrite) que par une phrase, est conçue ainsi : *sa . nabhar . lišani . gabbi* « qui renferment toutes les langues. »

Le mot *lisan* n'est pas méconnaissable, c'est le chaldéen לִשַּׁן, l'arabe لسان, l'hébreu לָשׁוֹן. Le monogramme exprimant cette idée est [cuneiform], en babylonien (par exemple dans l'inscription de Nakch-i-Roustam, au passage parallèle), et [cuneiform] en assyrien. Sur l'inscription des taureaux, ce signe s'échange avec *lisan* dans une phrase extrêmement remarquable. Le roi Sargon parle d'un édifice, d'un style emprunté de la Syrie, et qui, en phénicien, se nomme בֵּית־חִלָּנִי, mais en assyrien בֵּית־אַפָּת. Nous reviendrons sur le sens de ces deux mots, nous remarquerons seulement ici que les mots « la langue de Phénicie » sont exp[illegible] *lisan Aharri* לְשָׁן אַחֲרִי « le langage du pays de derrière. » Le pays d'Aharri est celui da[illegible] se trouvent les villes de Tyrus, de Sidon, de Byblus, d'Aradus, etc. donc c'est sûr[illegible] Phénicie.

Je ne connais pas avec certitude la forme plurielle de *lisan*, mais je crois que c'[illegible]

[1] Les noms propres féminins sont précédés du signe [cuneiform], emblème de ce sexe.

lisanut et *lasanan*. Cette dernière phrase se lit souvent, au commencement des inscriptions de Sargon, dans la phrase :

sa Aśur Marduk u Nabu śarrut lasanan unallimusu.
Cui Assur Merodach et Nebo imperium linguarum tradidere.
שאסר מרדך ונבו סרות לשנן ינלמושו׃

Il faut convenir qu'il y a, dans ce passage des inscriptions trilingues, une grande probabilité pour que le mot *paruzanânâm* ou *paruvazanânâm* soit à traduire par « ayant beaucoup de langues. » Car, au lieu de ce terme, on trouve souvent *viçpazanânâm*, ce qui serait alors « où toutes les langues se parlent, » et non pas « séjour de tous les hommes. »

En proposant notre explication de *zana* par « homme, » nous étions toujours un peu embarrassé de l'interprétation de ce dernier terme. Pour ne pas faire dire un mensonge au roi des Perses, nous avions adopté la traduction de « complétement peuplés; » mais nous confessons que la version sémitique donne un sens plus rationnel que la nôtre.

Le mot *zana*, du reste, quoique l'on ne puisse rien élever contre son assimilation avec le sanscrit जन *djana*, ne répugne pas non plus à l'interprétation qui le traduit par « langue. » Cette idée est exprimée en sanscrit par जिह्वा *djihvâ*, ce qui, en perse, devient *izuvâ*, dont est dérivé le persan زبان. Mais on pourrait regarder *zana* comme répondant à une forme sanscrite *hvana*, si l'on ne veut pas directement admettre la forme sanscrite *han*, altération de *bhan*, dont se rapproche le grec φωνή.

Dans la phrase « roi de cette grande terre, » le mot *terre* est rendu par un mot difficile à expliquer, *dk-ka-ri*[1], qui souvent remplace *irṣit*. L'obstacle que nous rencontrons tient à notre connaissance imparfaite de la lettre , qui est un des caractères, heureusement peu nombreux, dont l'interprétation phonétique n'est pas achevée. Nous savons parfaitement que ce signe indique les racines בנה et עבש « faire, » et דנה « donner, chef; » cette diversité de valeurs n'a fait qu'augmenter la difficulté du déchiffrement.

Les Assyriens l'expliquent par *ap*, et, afin de respecter leur opinion, nous avons maintenu cette valeur (M. Rawlinson le transcrit *ep*); toutefois nous croyons que les rédacteurs des tablettes ont commis la faute déjà signalée à l'occasion de la lettre *ut*.

Le signe veut dire à lui seul « faire; » quand on veut dire « je fis, » ou « il fit, » on écrit , où le dernier caractère n'indique que le complément *us*, du mot אֶעְבַשׁ ou יַעְבַשׁ; mais, quand l'auteur a l'intention d'exprimer l'infinitif ou le participe, il écrit , où n'indique également que la fin du mot עבש; mais, n'apparaît pas pour cela avec la valeur de *ip* ou *ep*.

Il nous semble, au contraire, que, dans notre mot, doit impliquer la valeur de *k* final, et nous lui donnons le son de *âk*; il y a entre lui et *ak* la même relation qui existe entre *ar* et *âr*.

[1] Nous ne faisons pas de différence entre *a* et *á*, *i* et *í*, *u* et *ú*.

Le mot en question doit donc être prononcé עָקָר « terre, » et, au lieu des deux derniers signes, [cunéiforme] ou [cunéiforme], *ḳari* et *ḳaru*, on lit souvent [cunéiforme], forme babylonienne de l'assyrien [cunéiforme]. La racine עקר en hébreu et en chaldéen, il est vrai, n'exprime que l'idée de « déraciner, extraire, » mais עָקָר, en hébreu, veut dire « racine, base. » Le mot عقر, en arabe, joint à ces significations celle de « place » et de « cour d'une maison ; » et nous croyons que l'ancienne dénomination de la terre s'est conservée dans le nom de la ruine عقرقوف, le *Durrigalzi* des Assyriens, aujourd'hui nommé *Akarkouf*.

La valeur *ûk*, attribuée à la lettre [cunéiforme], est confirmée par la manière babylonienne d'écrire ce terme, [cunéiforme] *a-ḳar*, tel qu'il se trouve, par exemple, sur le caillou de Michaux et ailleurs. En outre, n'oublions pas que [cunéiforme] *ak* a justement les mêmes significations verbales que [cunéiforme], ce qui fait conclure à leur similitude de prononciation.

L'idée de « terre » était donc, en dehors de l'expression אַרְצַת, représentée par עקר ou עָקָר, et elle est plus justement rendue par notre mot *sol*, emportant, en Orient du moins, l'idée de « stérile, » d'après la pensée antique exprimée dans la malédiction céleste. Je n'ai pas besoin d'ajouter que עֲקָרָה veut dire « la femme stérile. »

Notre mot est féminin, les deux adjectifs suivants, *rabituv* et *rapastuv*, le prouvent ; le premier est le féminin de *rabu* « grand, » et se transcrira רַבְתָא ; le second exprime les deux mots *dûraiy apaiy* « au loin et auprès. » La signification de la racine רבש et רפש (car les deux verbes sont identiques, comme עבש et עפש) est d'abord « étendre, amplifier, » et ensuite « faire prospérer. »

Dans d'autres inscriptions, le mot רַפְשְׁתָא est rendu par *ru'uk-ti* ou *ruhukti*, ce qui est apparemment l'hébreu רחק, avec une prononciation un peu adoucie, signifiant « lointain ; » l'idée d'étendue en est bien rapprochée.

L'expression idéographique de cette idée est fournie par le signe [cunéiforme], qui rend aussi l'idée de « mère. » On a la certitude de cette équivalence par les signatures des syllabaires (voy. *Collect. photogr.* 29 *a*, 47 *b* et 85 *a*). Dans les passages cités, le monogramme est accompagné du complément phonétique [cunéiforme] *tuv*.

Le rapport des idées d'ampleur et de prospérité s'observe également en scythique, où *ḫaṣṣasni* exprime le perse *źadnautuv* « qu'il fasse prospérer, » tandis que *ḫaṣṣaïkka*[1] rend le terme en question.

Le verbe de l'original perse *źadnautuv* est rendu par לִרְבַּשׁ en assyrien, dont nous trouvons la même racine ici, et il faut remarquer que la traduction touranienne et la sémitique ont été faites complétement indépendantes l'une de l'autre.

Ce mot est l'épithète constante de la Phénicie dans les inscriptions de Sargon (inscription des barils de Khorsabad, l. 13) ; elle y est nommée אַחֲרֵי רַפְשְׁתָא.

La forme simple de רַפְשְׁתָא est רַפְשַׁת (inscr. de Persépolis, *H*, l. 5), qui se trouve pareil-

[1] C'est de ce terme, *ḫaṣṣa* ou *aṣṣa*, dont la signification est « étendue vaste, » en magyar *hoss*, que nous faisons venir le nom de l'Asie.

lement, dans les textes babyloniens, sous l'acception de « terrains étendus; » Nabuchodonosor (cyl. de Bellino, col. I) dit que Mérodach l'a fait roi, et continue :

niḥil rapsâti ana ribiṭuti itinav.

Fines terrarum ad servitutem destinavit.

נְחִל רַפְשָׁת אַן רִבְטוּת יִעְתִנַו

Le mot qui rend « fils » suit, et nous voyons ici un mot complétement différent de tout ce que nous savions jusqu'alors de termes sémitiques équivalents. Personne ne trouvera plus, dans la circonstance que *pal* signifie « fils, » une arme contre le principe du sémitisme de l'assyrien. Si nous ne connaissions que l'arabe et le syriaque, nous devrions admettre la parenté des deux langues, quoique les termes *ibn* et *bar* soient assez différents l'un de l'autre. Du reste, l'un vient de בנה, l'autre de ברא, et nous croyons que le terme *pal* est une assonance avec פעל *paal* « faire, » bien que nous doutions de la parenté de ces deux mots.

Le monogramme se trouve écrit phonétiquement dans les inscriptions de Nabuchodonosor, où il se lit [cunéiforme] *ab lu.* Nous ne connaissons qu'une seule transcription possible, c'est celle de הבל. En arabe, هبل veut dire « être privé d'enfants, » mais l'islamisme a souvent changé la signification des mots du tout au tout; nous verrons que la langue de la péninsule arabique donne quelquefois un sens complétement négatif à l'acception usitée dans les autres contrées sémitiques. Mais ici la raison en pourrait être encore différente; le verbe arabe pourrait être un dénominatif du nom d'Abel.

Dans le nom du second fils d'Adam, nous ne reconnaissons pas autre chose que le mot antique signifiant « fils. » הבל veut dire « enfant, » et l'ancienne signification attachée à ce mot ne nous a été révélée que par les documents de Ninive. Et, si dans l'hébreu des temps postérieurs les idées de variété et de vide sont seules restées à ce mot primordial, n'oublions pas que ces mêmes idées sont partout étroitement liées ensemble.

Mais ne croyons pas que, parce que le mot a toujours été écrit הבל, la prononciation n'en ait pas changé. Au contraire, ainsi que nous le verrons par d'autres exemples en assyrien, l'écriture est restée en arrière sur la prononciation.

Nous trouvons, appartenant à la même catégorie, les formes *ibn* et *ben*, et ainsi, à côté de *habl*, s'est développé un *bal* et un *pal*, et telle est la forme qui a sûrement prévalu dans la prononciation ninivite.

C'est alors que le verbe *paal* est venu à l'esprit, et on semble avoir oublié l'origine de ce mot. Le verbe הבל paraît être doué de l'acception de « engendrer, » d'où *habil* est un attributif de Nabou, qui est à lui-même son propre père.

נַבוּ הָבִלְשׁוּ כִּינָא

Nebo gignens semetipsum.

Nous croyons devoir rappeler que la valeur syllabique du signe [cunéiforme] est *tur*. *Tur*, en médo-scythique, veut dire « fils, » voilà la raison de ces deux significations. Nous croyons que le nom des Touraniens eux-mêmes n'est pas étranger à cette dénomination. Nous remarquons *tur* dans beaucoup de titres d'emplois qui, comme le mot *sakkanak* « roi » lui-même, ont passé des Touraniens aux Assyriens, par exemple, *tur-tan* « général, » le תַּרְתָּן des Hébreux; *tur gisli*, et avant tout, *tur-gumannu* « fils de *guman*, » dignité de la cour; c'est, à coup sûr, le prototype du mot hébreu תרגם, arabe ترجمان, de sorte que notre mot *drogman* se trouve un des mots que la civilisation touranienne a légués jusqu'à nos idiomes[1].

La fin de la phrase ne contient rien qui soulève des difficultés, si ce n'est la prononciation du mot roi, lequel se lit, dans ce cas, à l'état emphatique, *śarri*.

L'inscription continue ainsi :

Voici le texte perse :

Thâtiy Khsayârsâ khsâyathiya. Dârayavus khsâyathiya hya manâ pitâ hauva vasanâ Aura-

[1] La racine תרגם n'est donc pas plus sémitique que קטגר, qui vient de κατηγόρος.

mazdâhâ vaçiya tya nibam akunaus uta ima çtânam hauva niyastâya kañtanaiy . yanaiy dipim naiy nipistâm akunaus . paçâva adam niyastâyam imâm dipim nipistanaiy.

Ce qui veut dire :

«Le roi Xerxès fait savoir : Le roi Darius, qui fut mon père, fit, sous l'égide d'Ormuzd, beaucoup et de magnifiques édifices, et donna également l'ordre de sculpter cette stèle [dans la montagne]. Pourtant il n'inscrivit rien sur cette table. Ensuite je donnai l'ordre de faire une inscription sur cette table.»

Cette fois, c'est la traduction sémitique qui nous a fait trouver le véritable sens de l'original. Quoique la traduction que nous avions donnée dans notre Mémoire sur les inscriptions perses représente des points que confirme la version assyrienne (par exemple, le *kañtanaiy*, comme l'infinitif «graver, sculpter,» et le *nipistanaiy*, comme l'infinitif «écrire,» et correspondant aux persans كندن et نبشتن), nous avions mal compris les deux formes *niyastâyam* et *niyastâya*, qui veulent dire non pas «établir,» mais «ordonner.» Disons quelques mots de ces termes.

Les formes ont la valeur grammaticale que nous leur avions attribuée, celle de l'imparfait du factitif. *Nistâ* (le sanscrit निष्ठा *nishṭhâ*) a la signification de «ordre,» sens parfaitement conforme à l'étymologie et à celui du mot latin composé des mêmes éléments *institutio* «loi royale.» De ce mot, *nistâ*, est dérivé l'adjectif *nistâvan* «ce qui est muni d'un ordre royal,» c'est-à-dire une patente, et ce mot nous est conservé sous cette même forme dans le mot de la Bible (Esdras, IV, 7) נִשְׁתְּוָן, qui a justement ce sens.

Il y a plus : le mot perse du texte hébreu a échappé jusqu'ici à toute étymologie raisonnable, et il en a été de même du dérivé persan qui, encore aujourd'hui, sous sa forme altérée, comporte ce sens d'ordre royal. Nous voulons parler du mot si connu, نشان, qui a aussi les significations de signe de la royauté, lequel, en Orient, est mis en tête des actes de l'autorité souveraine, de signe en général, d'insigne, et qui a été pris, dans nos temps modernes, avec l'acception peu antique de décoration.

Disons déjà ici que le mot correspondant en assyrien est le mot [cunéiforme] *ni-i-mi*, que nous transcrivons נִאם, et que nous rapprochons de l'hébreu נְאֻם.

Reprenons maintenant la traduction sémitique.

Dans la phrase : «Le roi Xerxès fait savoir,» le perse *thâtiy* est exprimé par *iḳabbi*. La lettre [cunéiforme] se décompose en [cunéiforme], *ga ap* a donc la valeur de *gap;* mais, dans le dialecte babylonien, le ק des Ninivites devient un ג devant *a*, et un כ devant *i* et *u*. Nous avons déjà dit que, encore de nos jours, on prononce en Mésopotamie le ق comme *g*. A Suse, l'inscription d'Artaxercé Mnémon écrit le mot [cunéiforme] *i-ka-ab-bi*. Nous le transcrirons par יְקַבִּי, 3ᵉ pers. du paël de קבה, qui veut dire, au kal, «être connu, s'appeler,» et ensuite, dans le sens actif, «appeler.»

Le mot [cunéiforme] *ikbi* se trouve souvent (par exemple, sur les briques de Nabonid, après le nom de son père) avec le sens de «le nommé;» [cunéiforme] *ik-bu*, יִקְבּוּ, à Bisoutoun, veut dire « ceux qui sont du côté de quelqu'un, » et qui se nomment les siens. A Ninive, toutefois, la première personne du kal est employée par Sargon pour « je nommai; » elle se lit אֲקַבִּי. Le niphal se trouve à Nakch-i-Roustam dans le mot *iggabassunu* (perse *athahya*) « il leur était ordonné, » transcrit יִקַּבְשֻׁן.

Quant au paël, nous avons la seconde personne תְּקַבִּי, au lieu de *taḳabbi*, à Bisoutoun et à Nakch-i-Roustam, pour exprimer le perse *mâniyahy* « tu penses, opines. » La troisième personne du pluriel se lit sur le caillou de Michaux יְקַבּוּ.

Cette racine ne se trouve pas en hébreu, à moins qu'on ne veuille comparer קבב avec l'acception différente de « malédiction; » mais, en chaldéen, se trouve le mot נקב « parole, » qui sûrement appartient à cette racine.

Le monogramme indiquant la racine קבה est le signe [cuneiform] *i*, parce qu'il est en même temps l'expression de קוב « voûte, » parent de קבב, قبّ et de קבע, qui a la même signification. La similitude du son a effectué cette coïncidence de significations, prouvée par le syllabaire *K.* 110.

[cuneiform] *i*	[cuneiform]	[cuneiform] *ḳa a - bu*	קָאב
[cuneiform]	[cuneiform]	[cuneiform] *ḳa - bu u*	קָבוּ

Le mot *hya* « qui, celui qui, » est rendu par le babylonien *agasū*, qui est composé de *aga* et de *sū*. Quant à ce dernier, il remplace l'hébreu הוא « lui, » ainsi qu'à la forme féminine היא correspond, en assyrien, *si*. Mais *aga* n'a pas de représentant dans les langues sémitiques, et, pour dire plus, ce mot ne se trouve sous cette forme ni à Babylone ni à Ninive. Je soupçonne quelque emploi fait au parthe, car, en pehlvi, *ag* veut dire « celui-ci. » Il se trouve des formes araméennes qui sont alliées à ce pronom, à ce qu'il paraît, mais le *g* de ce terme reste toujours une énigme.

Les formes de ce démonstratif sont :

sing. masc.	*agâ,*	חֲגָא	sing. fém.	*agât,*	חֲגָת
plur. masc.	*agannut,*	חֲגַנּוּת	plur. fém.	*aganit,*	חֲגַנִית

Le mot « ici » se dit encore חֲגַנָּא *aganna*. Nous le répétons, ces diverses formes ne se trouvent pas dans les inscriptions d'origine assyrienne, où cette idée serait simplement exprimée par le relatif *sa*. Le seul passage qui me revienne à la mémoire est du caillou de Michaux; il donne *aga la gamru*, et encore n'est-il pas certain que *aga* ait ici cette signification.

La phrase « qui est mon père » est exprimée par *abūa attua*. Le mot *abu* est écrit par le seul signe [cuneiform], signe idéographique employé pour « père » et dérivé de l'image des testicules, avec la valeur phonétique de *at*. Le mot *abua*, ou, comme nous prononçons, *abuya* (parce que remplace aussi souvent , surtout après une voyelle), aurait parfaitement suffi pour exprimer l'idée de «mon père;» mais le traducteur de Xerxès a ajouté encore *attuya* «à moi.» Cet explétif correspond, pour la forme, mais non pour l'emploi, à l'hébreu את, et *attuya* serait אתי. Nous devons insister sur le fait que cette répétition n'est pas assyrienne; les habitants de Ninive et de Babylone se contentaient du simple suffixe, surtout dans des passages tels que ceux-ci, où l'emploi du pronom possessif n'a pas de sens. On ne dispute pas à Darius la paternité de Xerxès. A Bisoutoun, où le fils d'Hystaspe revendique la royauté pour les Achéménides, la répétition de אתנו *attunu* (l'hébreu אִתָּנוּ) après race, dans la phrase «de notre race étaient les rois,» est encore justifiée par le sens, tandis qu'ici le *attuya* est superflu. Aussi Nabuchodonosor se contente-t-il du simple suffixe; mais il l'ajoute à un mot qui donne une ampleur réelle à son style éminemment oriental : אַב אָלְדִי ou אַב בָּנוּי «le père qui m'a engendré.»

Les mots *vasanâ Auramazdâha* sont rendus par *ṣilli Ahurmazdâ.* Le terme *ṣilli* est écrit phonétiquement ici, et c'est ce qui donne de l'importance à l'inscription de Van. Ordinairement, dans cette phrase, nous lisons *izvi*, qui se prononce *ṣilli*[1]. Un syllabaire explique ces deux lettres par , dont la dernière est sûrement *lul;* quant à , dont la principale signification est *nun*, il doit avoir également une valeur où *ṣ* se trouve représentée; il y a une forte probabilité pour la syllabe *ṣil*, de sorte que le mot devrait être lu צלל *ṣillul*, dont *ṣilli* serait le pluriel.

La signification est claire «dans l'ombre d'Ormuzd, sous la protection d'Ormuzd;» car le mot *ṣilli* est exactement le mot hébreu צִלְלִי, employé dans la même acception.

Quant au clou horizontal, il remplace le mot *ina* «dans,» aussi écrit *in.* Le mot *in* ne se trouve pas dans les autres dialectes sémitiques avec cette signification, mais il est dans le même rapport avec l'arabe إِنَّ, que *an* est avec أَنَّ, et indique toutes les relations exprimées par le ב des autres dialectes.

Le mot *madût* est restitué; quant à *tabbanû*, il traduit le perse *nibam*, dont la signification est obscure. Il peut signifier «magnifique bâtiment;» car l'idée de bâtir n'y est pas étrangère, ainsi qu'il est à présumer du mot *tabbanu* de *bana.* Il faut convenir, néanmoins, que le redoublement du *b* ne se justifie pas; car le mot régulièrement formé devrait être *tabnu.*

Nous avons déjà, à différentes reprises, eu occasion de parler du mot assyrien qui veut dire «faire,» et qui, comme plusieurs autres, n'a pas de correspondants directs dans les autres idiomes sémitiques; le verbe est עבש et עפש. La seconde forme n'est qu'une altération de la première, et elle est surtout employée à Ninive, précisément de même que le babylonien רבש est devenu le רפש des Assyriens, et comme ces derniers ont adopté la forme seule de פל «fils,» tandis que les Chaldéens l'employèrent concurremment avec בל.

Nous croyons que, par une sorte d'abâtardissement, le עבש assyrien est devenu עבד en

[1] Il ne faut pas oublier pourtant que, quelle que soit l'autorité de la tablette assyrienne, n'en peut pas moins répondre à עֶצֶם עצם «la force.»

chaldaïque, qui s'est trouvé ainsi réunir deux racines homonymes, et, en tout, complétement distinctes quant à leur origine. En arabe, la même expression doit devenir ou عبس ou عبث, et nous voyons, en effet, que cette dernière racine est identique à celle qu'on rencontre chez les Assyriens, puisqu'elle exprime l'idée diamétralement opposée, c'est-à-dire «ne rien faire.» Nous avons déjà dit que beaucoup de mots arabes ont passé à une signification en sens opposé; car, dans aucune famille de langues, la négation n'est si voisine de l'affirmation que dans les langues sémitiques.

Ainsi, en hébreu, ברך veut dire à la fois «bénir» et «maudire,» נכר «reconnaître» et «répudier;» אבה en hébreu «vouloir,» en arabe «ne pas vouloir,» נחש en assyrien «bon augure,» en arabe le contraire, et beaucoup d'autres exemples, pourraient être cités.

Le verbe עבש se montre dans un grand nombre de formes. La troisième personne est יִעְבֻשׁ *ibus*, la première est *ibus*, אֶעְבֻשׁ, la troisième personne du pluriel est *ibsū* ou *ibusu*, יִעְבְשׁוּ ou יִעְבֻשׁוּ. Le participe est *ibis*, עֶבִשׁ, et l'infinitif a le même son; dans l'état emphatique, עִבְשָׁא (inscription des fenêtres de Persépolis), au pluriel avec l'acception de «œuvres» *ip-sit*, עִבְשֵׁת (inscr. des taureaux de Khorsabad), avec le suffixe *i ip-sí i-tu-su* «ses œuvres» עִבְשֵׁיתֻשׁוּ (inscr. de Nabuchodonosor, *passim*).

Quelquefois le *b* est redoublé, par une incorrection qui ferait penser à un paël. A côté du kal, du reste, se trouve le plus fréquemment l'iphteal.

3e pers. sing. *itibus*, יִעְתְבֻשׁ
3e pers. plur. *itibsū*, יִעְתְבְשׁוּ
1re pers. sing. *itibus*, אֶעְתְבֻשׁ
1re pers. plur. *nitibus*, נִעְתְבֻשׁ

L'infinitif est אֶעְתְבֻשׁ *itibus*, forme altérée, mise pour le véritable assyrien עִתְבֻשׁ (inscr. de Londres, col. IX, *sub fine*).

Quant à l'iphtaal, nous connaissons le précatif לֻעְתְפִשׁ *lutippis* (inscr. de Londres, col. II, l. 1); et le shaphel se montre souvent dans la forme אֻשְׁעְבִשׁ *usibis*, dont le participe est מֻשְׁעְבִשׁ *musibis*. L'impératif est שֻׁעְבְשָׁא *subsâ*, de שֻׁעְבֻשׁ.

La forme *ipnusu*, dont parle M. Rawlinson dans son essai fragmentaire sur l'inscription de Bisoutoun (p. 39), et qui admet un verbe inadmissible, בנש, n'existe pas : il y a *ibnuva*, dérivé de *bana*, et la troisième personne féminine du pluriel.

L'expression idéographique pour le verbe עבש est *ak*, et cette valeur, donnée par les syllabaires, est confirmée par son application dans les documents babyloniens. Ainsi le mot perse *patiyakhsaiy*, de Nakch-i-Roustam, de *pati-khsi* «régner,» est exprimé en assyrien par *salṭa ibus* שַׁלְטְ אֶעְבֻשׁ. Les mots *tissis ibus* sont exprimés à Babylone par les lettres GI. AK.

J'ai déjà dit que la même idée est également rendue par le monogramme, dont la valeur phonétique est *âk*, et cette coïncidence nous explique comment l'idée de «faire» a été attachée au son *ak;* dans l'ancien idiome touranien, l'expression destinée à la représenter commençait par *ak*.

Le suffixe de la troisième personne est *su* au singulier, *sun* au pluriel; il correspond aux féminins *sa* et *sin*. A cette place se trouve seulement le singulier, à cause de *tabbanū;* s'il y avait *tabbanūt*, comme dans l'inscription *D*, nous aurions ici *ibussun*.

La copule «et» se dit en assyrien 𒌋 et 𒌋 ; cette dernière lettre est expliquée par *u* dans les syllabaires (*K*. 62), je la rends par *au*.

Le mot *çtâna* signifie proprement «place;» mais, comme terme architectonique, il a l'acception de «paroi de montagne» changée en stèle et munie d'une inscription. Le lecteur sait que ces sortes de monuments ne sont pas rares dans l'antiquité asiatique; je n'ai qu'à rappeler les sculptures de Nahr-el-Kelb et de Sardes, sans parler du plus grand monument de ce genre, le roc de Bisoutoun lui-même. Le mot *bagaçtâna*, d'où est venu le grec Βαγίσταvov, le moderne بهستان ou بهستون, défiguré en بی ستون «sans colonnes,» contient ce mot *çtâna* dans cette même acception, comme stèle des dieux, ainsi dite à cause des travaux gigantesques que plusieurs monarques y avaient fait exécuter.

La phrase babylonienne est un peu plus claire en disant : «et a donné l'ordre de faire sculpter un bas-relief dans cette montagne;» car, après *au*, le trait horizontal ►— signifiant «en» semble s'être effacé.

Quant au mot 𒊭𒁲𒌑 *sadū*, les inscriptions babyloniennes garantissent l'acception de «montagne,» que nous lui donnons. Nabuchodonosor (col. III) parle de colonnes faites de cèdres du Liban (tout comme aujourd'hui on bâtit à Bagdad des colonnes de bois), et dans un autre passage de l'inscription, souvent citée, il nomme ces bois (col. IX, l. 4) :

pi i - ti. sa - di i. i - lu - ti

propagines montium altorum.

L'arabe سدو veut dire «monter sur une montagne;» mais le substantif correspondant n'existe plus. Le texte de Bisoutoun nous guide, en rendant le perse *kauf* «montagne,» persan كوه, par 𒆳𒌑. Pour exprimer le pluriel, nous avons ou 𒆳𒈨𒌍, 𒆳𒃻 ou 𒆳𒁲, et cette dernière forme n'est que la forme abrégée du *sadi* cité plus haut.

Le signe 𒆳 a la valeur de *sad*, comme nous le savons; mais il indique aussi «montagne,» et cette prononciation syllabique est justement dérivée de sa signification comme monogramme. Mais 𒆳 exprimant une idée voisine, celle de «pays,» nous ne le voyons presque jamais, dans l'acception de «montagne,» sans le complément phonétique 𒌑 au singulier, et 𒁲 ou 𒃻 au pluriel.

Ainsi tous les rois de Ninive parlent des marbres apportés des montagnes du Kurdistan; ils les nomment אַבְנֵי שַׁדִּי «pierres des montagnes.» Quelquefois cet idéogramme semble indiquer les pierres du Liban et de l'Amanus, d'où les monarques assyriens tiraient leurs bois précieux.

Le mot exprimant « ordre » est *ní i-mu*, et ceci exige une explication plus développée.

La valeur ordinaire du premier caractère est *kum*, qui s'échange souvent avec *ku um*, par exemple dans le nom de Commagène, *Kummuh* en assyrien. Une lettre de la même origine hiéroglyphique (car souvent des acceptions différentes se sont partagé plusieurs formes dérivées) est *bil*, avec lequel est souvent confondu, et a la valeur de *bil*. Le premier sens idéographique semble être « feu, » le signe provenant probablement de la figure d'un tison enflammé, et, dans cette acception, se voit dans toutes les inscriptions assyriennes. Les syllabaires l'expliquent par le mot נֻוּר *nuvur*, pour lequel il y avait une autre forme, נִיר, signifiant « la lumière. »

Nous avions, avant de constater la prononciation du terme « feu, » et par la seule confrontation des passages parallèles, trouvé que devait nécessairement se prononcer d'une manière analogue à , dont la valeur est *ni*; car il s'échange avec cette lettre dans les mots suivants :

ní - mi - ki, נְעַמֶק « mystérieux. »

ní - śi ik - ti, נִסְכְּתָא « métal fondu. »

ti - ní - si i - ti, תְּנֻשִׁית « humanité. »

Nous remarquons que, quand se trouve seul, il remplace quelquefois *ni i*; donc nous y appliquons la transcription *ní*.

Celle-ci est la seule qui puisse être appliquée ici, parce que les autres valeurs finissent en consonnes, et un mot possible prononcé *bilimi* ou *kulimi* aurait dû être écrit *bi-li-mi* ou *ku-li-mi*.

Mais *ní i mi* donne également un sens très-juste; c'est tout simplement le mot hébreu נאם, et נְאֻם *niím* correspond à l'hébreu נְאֻם; c'est tout à fait « ordre royal. »

De ce verbe se voit une forme écrite *ni-nu um*, נִנְאֻם « nous proclamons, » et qui se lit au commencement des phrases solennelles : elle pourrait pourtant constituer une forme avec le *n* prothétique indiquant proclamation; mais le fait est moins probable.

Le mot « il fit » est exprimé par *is-ta-kan*, auquel correspond d'une manière très-étrange la première personne *al-ta-kan*. Le colonel Rawlinson y a vu un iltaphal; mais ici il a commis une double erreur. La syllabe *as* (comme le *s* également après *i* et *u*) se change en *l* devant une dentale, et encore dans certaines formes seules.

L'exemple le plus frappant est le nom des Chaldéens eux-mêmes; les inscriptions donnent *Kaldi*, conformément aux Grecs, tandis que les Saintes Écritures nomment ce peuple *Casdim*[1]. La préposition « inde a, » se dit en assyrien *istu;* on lit également *ultu*, et ici le *i* devant *s* a dû céder la place à l'*u*. Les formes de la première personne ont *as* et *al* devant *ṭ*, *d* et *ṭ*, et ce changement ne se borne pas à altérer un *s* servile, mais il ne respecte pas même la consonne de la racine; par exemple, pour חמשתא « cinq, » on lit חמלתא.

Ainsi la forme *altakan* est dérivée d'une autre *astakan*, qui se trouve également dans les inscriptions à la place de *altakan;* et le mot אשטר *asṭur* « j'écris, » dont nous lirons tout à l'heure la troisième personne, se trouve également formé de אלטר dans les monuments les plus anciens de Ninive, tandis que la forme régulière se rencontre dans les fragments de Sardanapale V.

Pour *istakan* se trouve aussi *ultakan*, d'après le principe que nous venons d'exposer.

La forme *istakan* n'est pas un istaphal de כון, comme le croyait le colonel Rawlinson[2], mais un iphteal de שכן *sakan*. Cette racine est dérivée d'un shaphel de *kan* « être, » lequel est devenu kal lui-même, avec la signification de « faire. » Elle s'est rencontrée en assyrien avec une autre racine, שכן, dont le sens est « demeurer, » lequel pourtant est plutôt exprimé par la racine סכן, également connue de l'hébreu. La forme du ס semble être la forme primitive.

Du shaphel employé comme kal se sont formées les autres voix d'une manière très-régulière, le niphal, l'iphtaal et l'iphteal.

Ainsi nous avons *lissakin*, précatif du niphal, לשכן « qu'il soit fait; » au pluriel du féminin, לשכנא « qu'elles soient faites. » Le paël אשכן *usakkan* a la signification de « poser, mettre, envoyer, » et peut venir également de *sakan* « demeurer. » La voix iphtaal, pourtant, a la signification de « faire » dans les formes אשתכן *astakkan*, précisément comme la forme de l'iphteal que nous avons dans notre passage.

Pour dire un mot des impossibilités grammaticales auxquelles sir Henri Rawlinson a eu recours, le liphal, le tiphal, l'iltaphal et le shashaphel (c'est-à-dire un shaphel à la seconde puissance, formé d'un autre shaphel!), nous remarquons que le liphal est le précatif (par conséquent un temps, et non une voix), et que le shashaphel est un shaphel d'un verbe פ״ש. משׁשכן *musaskin* vient de שכן « demeurer, » et veut dire « qui fait demeurer, qui introduit. »

Le monogramme qui exprime l'idée *sakan* est [cunéiforme], interprétant aussi le verbe שרך. Ainsi le mot *iskun* est écrit quelquefois [cunéiforme], avec le complément phonétique [cunéiforme] *nu*.

L'infinitif perse *kañtanaiy dipim* « ad sculpendam tabulam » est rendu par *ana ibis limsu*. Nous devons nous occuper seulement du terme [cunéiforme].

[1] [cunéiforme] *vur kas dim* signifie tout simplement « pays des deux fleuves. » Les signes *vur kas dim* ayant, dans le même ordre, les valeurs idéographiques de « rive, deux, eau. »

[2] Quand nous citons notre collaborateur, nous parlons de son interprétation du commencement de l'inscription de Bisoutoun. (Voyez la note, à la page 21.) Les textes de Persépolis et de Van n'ont pas été analysés par le savant anglais, qui pourtant a incidemment cité le passage qui nous occupe.

Le mot *dipi*, d'une origine très-douteuse, et qui se retrouve dans le sanscrit *lipi*, aussi bien que dans l'assyrien דִּפָּא *dippu* (écrit par le monogramme [cunéiforme] *um*, ayant aussi la valeur de *tip*) et le talmudique דף, est généralement exprimé par un groupe de trois monogrammes précédés de celui désignant « pierre » [cunéiforme]. Nous pouvons avouer notre incertitude pour expliquer ces lettres; car les tablettes de Sardanapale nous donnent quatre manières de prononcer l'idéogramme. L'une d'elles est שְׁטִר *ṣiṭir*, de *saṭar* « écrire, » l'autre נרו *narū*, et deux autres encore, difficiles à lire, à cause du mauvais état de la tablette. Mais tous ces termes ne trouvent pas leur application ici, où a été choisi un mot appartenant plutôt au lapicide qu'à l'écrivain, c'est *limsu*.

La lettre [cunéiforme] *si* a aussi la valeur de *lim*; cela se voit, par exemple, par le précatif du niphal de מחר, לִמְחַר *lim-mahir*, où *lim* est écrit *li im*, et [cunéiforme]. Une petite tablette donne directement à [cunéiforme] la valeur de *lim*. Quant à *limsu*, il vient de למש, comparable à l'arabe لمس « entamer, toucher, graver, » et la racine assyrienne se trouve dans le mot signifiant « bas-relief sculpté, » לִמֶּשׁ, et cette prononciation nous est fournie par les syllabaires mêmes[1].

Nous n'avons pas vu le monument de Van; mais nous soupçonnons qu'il ne s'agit pas d'une inscription toute seule, mais d'une stèle entière, où, selon l'usage assyrien, l'inscription se trouve au travers de la figure. Le roi Darius n'avait pas fait préparer une table avec l'intention de n'y point mettre d'inscription; mais il fit faire un bas-relief sur lequel son fils fit graver cette légende insignifiante. Cette circonstance est toujours intéressante, parce qu'elle nous explique pourquoi nous n'avons pas ici dans l'assyrien le mot ordinairement employé pour « table, » mais celui dont on se sert pour « bas-relief. »

La phrase suivante, dont le sens est : « mais il n'a rien écrit dessus, » est rendue par *au kilam* (?) *in ili ul istur*. La première lettre est très-effacée, elle a l'apparence d'être [cunéiforme]; nous croyons (mais n'assurons rien là où la pierre elle-même ne peut nous renseigner) que le *m* est le complément phonétique du terme *kilam*. Il se pourrait, du reste, que [cunéiforme] fût ici, comme à Nakch-i-Roustam, l'expression signifiant « image, » צלם, de sorte que le [cunéiforme] ne serait que le complément phonétique, et le sens serait : « et il n'a pas écrit sur l'image du bas-relief. »

« Sur elle » se rend par אֶל־עַלִי *in ili*. Le mot *ili* est, ou écrit en caractères phonétiques [cunéiforme] *ili*, ou exprimé par le signe [cunéiforme] et [cunéiforme]. Ce dernier caractère a la valeur syllabique de *muh*; le passage d'une inscription de Tiglatpileser IV (Layard, pl. XLV, l. 4 *b*), d'où nous avons en premier lieu puisé ce renseignement, est fruste, il est vrai, mais la donnée est confirmée par d'autres démonstrations directes (cf. inscript. modèle, l. 17, et inscript. de la stèle de Sardanapale III, col. I, l. 57).

Le verbe « écrire » se dit en assyrien, comme en arabe et en hébreu, שטר. La racine plus usitée dans ces deux dialectes, כתב, ne semble pas avoir été aussi fréquemment employée par les Assyriens, bien qu'elle se trouve également. [cunéiforme] *is-tu ur* est la 3ᵉ pers. sing.

[1] Il serait possible aussi que [cunéiforme] dût être prononcé *si-fir*. (Voyez *Études assyriennes*, p. 141.)

du kal, et correspond à *aṣtur*, écrit *as-ṭu ur* à Ninive, ou *as-ṭur*, d'où nous connaissons à cette dernière lettre la valeur de *ṭur*. Sur les cinq tablettes, en or, en argent, en une matière encore incertaine, en cuivre et en plomb, que M. Place a trouvées dans les fondations de Khorsabad, il est écrit :

אִן דַפֵּי חֲרַצָּא כַּסְפָּא פּוּיכָא צִפְּרָא וּמַחְדָא נִבְאַת שְׁמִי אַשְׁטַר. אִן אֻשִׁישָׁן אֶכַן׃

« Sur des tablettes en or, en argent, en antimoine, en cuivre et en plomb, j'ai écrit la gloire de mon nom, et je les ai déposées dans les fondements. »

Pour *asṭur*, on écrit comme nous l'avons dit *alṭur*. Le monogramme indiquant « écrire » est exprimé par *gap*.

Quant à la négation, elle est *ul* et *la*, et ces deux formes correspondent aux hébraïques אל et לא. Seulement il ne paraît pas que la distinction entre ces deux particules ait été observée aussi strictement qu'en hébreu; *la* se voit surtout devant des infinitifs et des adjectifs, où les langues indo-germaniques emploieraient la syllabe privative, par exemple, לָא רְחִי « inébranlable, » לָא נְמַר « infini; » mais *ul* se rencontre devant des verbes, bien que, surtout dans les écrits anciens, *la* seul se lise quelquefois à l'exclusion de *ul*.

Dans la phrase suivante : « ensuite j'ai donné l'ordre de faire une inscription sur le bas-relief, » tous les mots nous sont connus, à l'exception de « ensuite; » c'est la traduction du perse *paçâva*, et qui s'écrit *up-ki*. Le colonel Rawlinson a voulu lire ce groupe *aḥär*, pour le faire correspondre à l'hébreu אחר. Ces deux lettres, pourtant, sont purement phonétiques; car, en chaldéen, אפכא veut dire « puis, » en syriaque, ܐܦܟܐ a la même signification. En hébreu même, אפוא et אף ont des sens analogues, et les deux particules אַף כִּי, quoiqu'elles signifient « quand même, » et quelquefois *an revera*, ne sont pas complétement étrangères au terme assyrien.

Comme le perse *kantanaiy*, persan كندن, est exprimé par אן עבש, ainsi le mot *nipistanaiy* de l'original est rendu par le babylonien אן שטר *ana saṭari*. Le *da* représente également l'articulation du ט; on vérifie l'existence du ט par le changement de avec *ṭu*; tandis qu'il a pour correspondant la lettre *du*, quand il représente un ד radical.

La phrase suivante n'est pas conservée dans le texte perse de Van; mais il existe à Persépolis tant de locutions qui lui sont analogues, que nous devons appeler à notre aide ces textes, et nous sommes ainsi en mesure de compléter l'original par la traduction; voici cette traduction :

IV. *A - na - ku. A - hu - ur - ma - az - da li - is - ṣur.*

Me Oromazes protc-

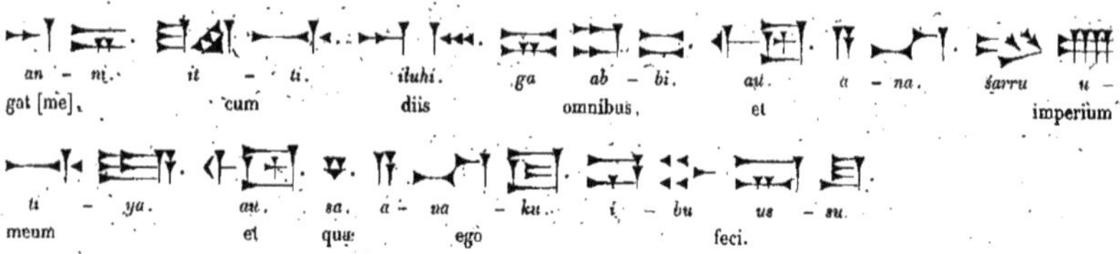

Nous pouvons restituer le texte perse ainsi :

Mâm Auramazdâ pâtuv hadâ bagaibis viçaibis utamaiy khsathram utâ tyamaiy kartam.

Ce n'est pas une simple conjecture, car la même phrase se trouve exactement à la fin de presque toutes les inscriptions de Persépolis.

Le mot perse *pâtuv*, 3ᵉ pers. de l'impératif, analogue aux formes sanscrites en तु *tu*, au grec τω, au latin *tô*, est exprimé par une forme d'un emploi très-étendu en assyrien, et que nous appelons le *précatif*. Elle dérive de la 3ᵉ personne de l'aoriste, en la faisant précéder d'un *l*. Je n'ai pas besoin d'ajouter que le même élément se retrouve dans le ل arabe, dans le ל du Talmud et dans le chaldaïque. Ainsi les formes de Daniel לֶהֱוֵא et לֶהֱוֺן, au féminin לֶהֱוְיָן, ne sont que les mêmes formations. Partout, dans les inscriptions trilingues, les formes en *tu*, de même que l'optatif, sont rendues par le précatif, ainsi :

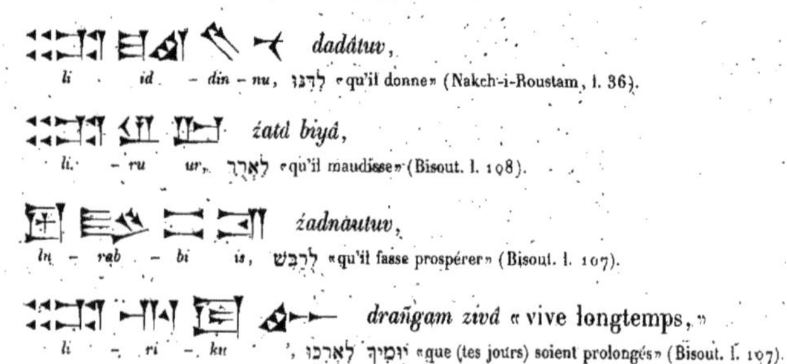

Quant à notre mot, la dernière lettre est souvent remplacée par *su ur*. Ainsi, dans les noms de Nabuchodonosor, Nabopallassar, Nériglissor, la dernière syllabe, *ṣur*, est écrite de ces deux manières. Le nom de la ville de Tyr s'écrit souvent *Ṣurri*, צֻרִי (littéralement « les Tyrs »), « un Tyrien, » *Ṣur-ra ai*, צֹרִי.

Le précatif *liṣṣur* vient du verbe נצר *naṣar*, laquelle racine a, dans toutes les langues sémitiques, le sens de « protéger. » En cette qualité, elle rend le perse *pâtuv*. L'assimilation de la première radicale פ״נ à la consonne suivante est conforme à la règle hébraïque, et il est digne de remarque que les verbes qui, dans la langue des Juifs, négligent cette assimilation, conservent le *n* également dans l'idiome d'Assyrie. Ainsi le verbe נטר, qui forme en hébreu son aoriste יִנְטוֹר, a son *nom d'agent* en assyrien נָנְטַר, au lieu de נָטַר. לְצַר *lisṣur* est donc mis pour לִנְצַר *linṣur*.

Le verbe נצר est rendu par le monogramme [cunéiforme], qui exprime également l'idée de « frère ; » nous avons déjà parlé de ce fait. Comme tel il se montre à nous dans le nom des rois de Babylone finissant en *uṣur*, ce qui est un impératif avec l'א prothétique, précisément à l'instar de l'impératif en arabe ; seulement, en assyrien, ce crément est ajouté à la forme déjà apocopée צַר, et devient אֻצַר. Le participe est [cunéiforme] *na-ṣir*, נָצִר, complétement identique à l'arabe ناصر, et qui se trouve dans le nom de Nabonassar : נְבוּ-נָצִר « Nebo protége. »

Entre autres formes fréquentes, nous rappelons ici le mot *niṣirti* « protection, » dans la phrase répétée, עִר נִצְרְתִשׁוּ « la ville de sa protection. » Des mots assez communs, mais admettant encore une autre étymologie, sont מִצְּר, probablement pour *miṣṣir* « le territoire, la dépendance, » et *maṣṣarti*, aussi écrit מַצַּרְתָא *maṣarti*, dont la signification fondamentale semble être également « protection, » mais qui doit avoir encore un autre sens.

Le suffixe *anni* indique la 1re personne, et est comparable à l'hébreu ־נִי. Nous le rencontrons assez souvent dans les inscriptions des Achéménides et dans les textes *unilingues*, par exemple,

[cunéiforme] *manâ frâbara,*
ip - ti - kid. an - ni, יִפְתְקִדַּנִּי « il me confia » (Nakch-i-Roustam, l. 22).

[cunéiforme] *manâ hamithriya abava,*
tak - ki - ra an - ni, תַּכְּרַנִּי « elle se révolta contre moi » (Bisout. l. 68).

Le verbe au pluriel est souvent suivi de *inni :*

[cunéiforme] *hamithriya abavañta,*
ik - ki - ra ' in - ni, יִכְּרָאִנִּי « elles se révoltèrent contre moi » (Bisout. l. 40).

[cunéiforme]
is - ru - ku - in - ni, יִשְׁרְכוּנִּי « ils m'accordèrent » (baril de Khorsabad, l. 65, et *passim*).

[cunéiforme]
i - dam - mu ' in - ni, יִדַּמּוּנִּי « ils m'obéirent » (Bisout. l. 48).

[cunéiforme] *manâ patiyâisa,*
i - si im - ma ' in - ni, יִשְׁמָעָאִנִּי « elles m'appartinrent » (Bisout. l. 7)[1].

L'articulation *in* indique très-bien ce son indécis que produit une lettre redoublée après une voyelle longue.

Aussi la même forme se trouve-t-elle en assyrien. Là où le roi Sargon emploie, à la

[1] M. Rawlinson, *Memoir*, etc. p. xxiv, a déjà allégué quelques-uns de ces exemples.

3e personne, la locution « que les dieux lui ont transmis la royauté des nations, » il fait usage du terme ינלמושו; et, là où il emploie la 1re personne, il dit ינלמני. Dans ces mots de Sennachérib : « je me recommande à Assour, mon seigneur, » nous avons également ce suffixe *anni*, אן אסר בעלי אתפלני.

Nabuchodonosor dit à Mérodach, son dieu protecteur (inscr. de Londres, col. I, l. 63) :

אַתְּ תַבְנַנִי סַרוּת קִשַּׁת נִשֵׁי תַקְפַנִי

« Tu m'as créé et m'as confié l'empire sur les légions des hommes. »

Il faut remarquer que le mot *liṣṣuranni* n'est pas, contre la règle générale, divisé en *liṣ-ṣu-ran-ni*, mais en *liṣṣur-anni*. On voulait distinguer le suffixe du verbe auquel il est annexé; cette particularité, du reste, se voit dans plusieurs exemples de la même catégorie.

Le mot *anaku*, qui commence la phrase, doit rendre le perse *mâm*. Encore cette manière de commencer la phrase n'est pas sémitique, car, si quelquefois on voit le pronom personnel répété, ce n'est qu'après le suffixe lui-même.

Les termes *hadâ bagaibis vithaibis* « avec tous les dieux, » ne nous sont compréhensibles que par l'assyrien. Le mot perse *vithaibis* offrait une grande difficulté à l'interprétation; nous voyons maintenant que *vithaibis* ou *viçaibis* n'est qu'une forme altérée de *viçpa* « tout, » et plus près que ce dernier du sanscrit विश्व *viçva*. La preuve en est dans le mot *gabbi* « tout, » qui remplace également le perse *haruva* « tout, » persan هر, sanscrit सर्व *sarva*.

Le mot *gabbi* n'a pas, que nous sachions, de représentant dans les langues congénères; et pourtant la signification en est claire, et nous devons nous borner à la constater.

Le son *itti* est le mot assyrien signifiant « avec, » il correspond à l'hébreu את; son représentant idéographique est [cuneiform sign] *ki*, parce que, en casdo-scythique, *ki* se disait « avec. » Nous possédons une tablette bien curieuse, que j'ai pu compléter dans les débris du Musée britannique (*K. 46*), et que voici :

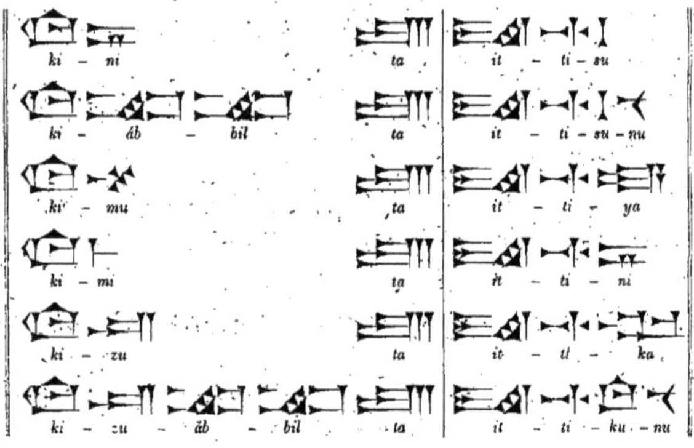

Cette tablette est d'une grande valeur, non pas seulement à cause des formes sémitiques, mais aussi pour les terminaisons de l'autre langue qu'elle contient, et qui constituent évidemment le caractère ouralien de cet idiome.

Par d'autres monuments, nous connaissons également les formes féminines qui manquent ici. Les idiomes tatares n'expriment pas cette différence; c'est pour cela que l'on n'a pas mis les formes féminines de l'assyrien; mais nous en pouvons reconstruire toutes les terminaisons possessives ainsi :

	SINGULIER.		PLURIEL.	
	Masculin.	Féminin.	Masculin.	Féminin.
3ᵉ pers.	אִתְּשׁוּ	אִתְּשָׁא	אִתְּשָׁן	אִתְּשִׁן
2ᵉ pers.	אִתְּךָ	אִתְּכִי	אִתְּכֻן	אִתְּכִן
1ʳᵉ pers.	אִתִּי		(אִתְּנוּ) אִתַּן	

Ki exprimant *itti* « avec, » est également le monogramme de עִתָּא *ittuv* « le temps. »

La particule *ydti* a le sens de « puisque, » et cette idée aussi est rendue par la lettre *ki*.

Nous avons déjà fait connaître nos idées sur la particule אַן, qui précède l'accusatif dans le langage des inscriptions des Achéménides, et qui remplace le mot hébreu אֵת; ce fait est le résultat de l'influence que les idiomes araméens ont exercée sur la langue des Assyriens.

Le mot « royauté » est formé, comme tous les abstraits féminins en hébreu, en arabe et en araméen, par la syllabe *ut*. Ce suffixe se met souvent, comme dans notre cas, à la suite des monogrammes, et indique alors le féminin abstrait, avec le sens du *tas* latin. On prononce le mot סַרּוּת *šarrut*.

Un autre exemple nous est fourni par le mot signifiant « potestas, » qui s'écrit ou *bi i-lu ut* ou *biil ut;* nous voyons même que ce *ut* se met après les monogrammes représentant le dieu Dagon, qui portait, par excellence, le nom de Bel. בְּעָלוּת « suprématie » s'écrit :

Biil — *u* — *ti.* (Inscr. de Londres, col. III, l. 2.)

Le mot אֵלוּת « divinité » s'écrit :

ou אֵלוּת

i — *lu* *ut.*

Ainsi, רִבְטוּת « l'esclavage » s'écrit *ribit ut.*

D'autres mots de cette catégorie sont דַנּוּת « la puissance, » רַבּוּת « la grandeur, » נִכְרוּת « la rébellion, » פַּלְטוּת « la fuite, » לִדְתּוּת « la maternité, la fécondité. »

Nous allons maintenant transcrire en entier, en lettres hébraïques, l'inscription assyrienne de Xerxès, trouvée à Van :

אִלָה רַבּוּ אַהֻרְמַזְדָא רַבּוּ שַׁאִלְהֵי · שַׁשַׁמֵי יִבְנוּ · וּאֶרְצֵת יִבְנוּ · וּנִשִׁי יִבְנוּ · שַׁדְמִקָּא אַן נִשִׁי יִדְן · שַׁאַן חִשִׁיַרְשָׁא סַר יִבְנוּ · סַר שַׁסַרִי מָאדוּתִ · שַׁעִדְשְׁשׁוּ אַן נַבְחַר מָאתַת גַבִּי יְתַיִמָא : אַנְכוּ חִשִׁיַרְשָׁא סַרָא רַבּוּ · סַר שַׁסַרִי · סַר מָאתַת שַׁנִבְּחַר לִשְׁנַרת גַבִּי ·

סַר עֲקַר רַבְּתָא רַפִּשְׁתָא · פַּל דַּרְיָוֻשׁ סַרָא אַחֲמַנִּשִׁי : חְשִׁיַרְשָׁא סַרָא יַקְבִּי · דַּרְיָוֻשׁ סַרָא חַנְשׁוּ אַבּוּ אַתְנִי · אָן צְלָלִי אַהֻרְמַזְדָא
סָאדוּת תַּבְנוּ שִׁיעְבְּשׁוּ · וְאָן הַנָּא שְׁדוּ נָאֹם יִשְׁתַכַּן אָן עִבְשׁ לְמִשָׁא · וּכְלַם אָן עָלִי אַל יִשְׁטַר · אָפְכִי אַנְכוּ נָאֹם אָלְתַכַּן אָן
שְׁטַר לְמִשָׁא : אַנְכוּ אַהֻרְמַזְדָא לְצָרְנִי · אִתִּי אֱלָהִי נַבִּי · וְאָן סִרוּתִי · וְשָׁאַנְכוּ אָעְבְּשׁוּ :

Nous ne présenterons pas les inscriptions dans un ordre chronologique, mais selon leur importance philologique, ou plutôt selon qu'elles exigent plus ou moins d'études; celles qui précèdent sont plus faciles à interpréter que celles qui suivent. Nous devions ainsi commencer par un document fournissant assez de mots pour pouvoir en expliquer d'autres.

CHAPITRE II.

INSCRIPTIONS DE PERSÉPOLIS.

I. Inscription *D* de Xerxès.

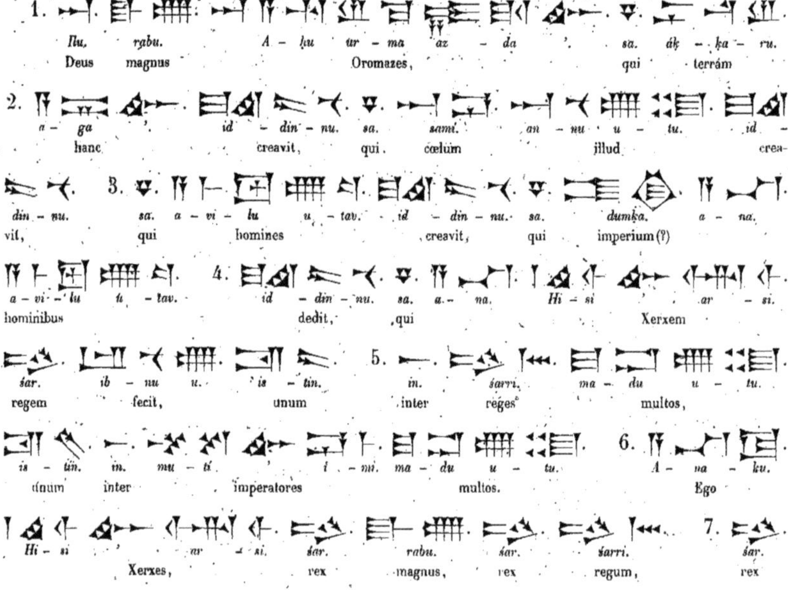

matât. sa. nab - ḫa ar. li - ša - nut. šar. dâḳ - ḳa - ru.
terrarum quæ complexus linguarum, rex terræ

a - ga a - ta. 8. *rabi - ti. ruḳuti. pal. sa. Da a-*
istius magnæ, amplæ, filius Da-

ri - ya - vus. šarri. 9. *A - ḫa - ma an - ni is - si '. Hi-*
rii regis, Achæmenides. Xer-

si - ' ar - si. šarru. 10. *i - ḳab - bi. in. silli. sa.*
xes rex dicit: In umbra

A - hu - ru - ma az - da '. bab. 11. *a - ga a. U - ' is-*
Oromazis portam istam (Vi-

ša - da q - ' i. sumsu. a - na - ku. 12. *i - tí - bu us. u.*
çadahyu (est nomen ejus) ego perfeci, et

sa - nu u - ti. ma. ma - du u - tu. 13. *tab - ba - nu u - tu.*
alia quæ multa opera splendida

i - tí - bu us. in. Par - sa. a - ga 14. *sa. a - na - ku.*
feci in Perside ista; quæ ego

i - bu us - su. u. sa. abu - a. i - bu us - su. 15. *u. sa.*
feci, et quæ pater meus fecit; et quæ

tum - sa ' im - mar - ru. tab - ba - nu u - [tav]. ul - lu u - tu.
(?) videntur opera splendida illa

gab - bi. 16. *in. silli. sa. A - hu - ru - ma az - da '.*
omnia in umbra Oromazis

ni - tí - bu us. 17. *Hi - si - ' ar - si. šarru. i - ḳab - bi.*
perfecimus. Xerxes rex dicit:

A - ḫu - ru - ma az - da. 18. *a - na - ku. li - iṣ - ṣur -*
Oromazes me pro-

an - ni. u. sa. ana. šarru u - ti - ya. u. mati - ya.
tegat et regnum meum et fines meos

19. *u. sa. a - na - ku. i - bu - us - su. u. sa. abu - a. i -*
et quæ ego feci et quæ pater meus fe-

bu - us - su. 20. *ul - lu u. um - ma. A - ḫu - ru - ma az -*
cit illa etiam Oroma-

da. li - iṣ - ṣur.
zes protegat.

Voici l'original perse :

Baga vazarka Auramazdâ. hya imâm bumim adâ. hya avam açmânam adâ. hya martiyam adâ. hya siyâtim adâ martiyahyâ. hya Khsayârsâm khsâyathiyam akunaus. aivam parunâm khsâyathiyam. aivam parunâm framâtâram. Adam Khsayârsâ. khsâyathiya vazarka. khsâyathiya khsâyathiyânâm. khsâyathiya dahyunâm paruvazanânâm. khsâyathiya ahyâyâ bumiyâ vazarkâyâ. duraiy âpaiy. Dârayavaus khsâyathiyahyâ puthra. Hakhâmanisiya. Thâtiy Khsayârsâ khsâyathiya vazarka. vasanâ Auramazdâhâ imam duvarthim Viçadahyum adam akunavam. vaçiya aniyasciy nibam kartam anâ Parçâ. tya adam akunavam utamaiy tya pitâ akunaus. tyapatiy kartam vainatiy nibam ava viçam vasanâ Auramazdâhâ akumâ. Thâtiy Khsayârsâ khsâyathiya. mâm Auramazdâ pâtuv. utamaiy khsathram. utâ tya manâ kartam. utâ tyamaiy pithra kartam. avasciy Auramazdâ pâtuv.

Nous avons dû reproduire l'original tout entier parce qu'il y a partout quelques légères différences entre cet original et la traduction.

Au commencement, le traducteur a respecté l'ordre dans lequel le texte perse indique que s'est effectuée la création, tandis que généralement, comme nous l'avons vu, l'ordre en est interverti. Ensuite, il a rendu la différence des deux démonstratifs perses *ima* « celui-ci » et *ava* « celui-là, » c'est-à-dire l'objet le plus éloigné; l'un est rendu par *hagât*, que nous connaissons déjà, l'autre par *annût*, pluriel masculin d'un démonstratif *anni*, *annu*, féminin *annât*. Ce pronom se trouve également dans d'autres langues sémitiques; notamment je lui compare le chaldaïque אִנּוּן, féminin אִנִּין. Le pluriel féminin est *annît*, nous avons donc :

SINGULIER.		PLURIEL.	
Masculin.	Féminin.	Masculin.	Féminin.
אַנָא	אַנַת	אנות	אַנִית
אַנָא			
אַנָא			

Le mot *martiyam* est traduit par le féminin abstrait אֻלוּת «humanité,» sur lequel nous nous sommes déjà prononcé, et qui est expliqué, dans un syllabaire, par son synonyme תֶנֶשִׁית. Nous remarquons pourtant que אֻלוּת pourrait également être le pluriel de אוּל «homme,» comme אַשְׁבוּת est celui de אַשַׁב «habitant.»

Le mot «terre» est rendu par עַקַר, employé ici au masculin.

Quant au verbe *adâ*, il est rendu incorrectement toutes les quatre fois par יִדְנוּ, iphtaal de דנה; le verbe *akunaus*, au contraire, est rendu par יִבְנוּ.

Nous avons déjà remarqué que la traduction est plus claire que ne l'est l'original : «unum ex regibus multis, unum ex imperatoribus multis.»

Au lieu du mot רפשתא, qui souvent traduit le perse *duraiy âpaiy*, nous rencontrons le mot *ruk*, contracté de la racine רחק, voisine de l'hébreu רחק «lointain.» En assyrien, ce mot se dit et du temps et du lieu; par exemple, dans la phrase de Nabuchodonosor : «prolonge la postérité jusqu'à des jours éloignés :»

יְמֵי רְחֻקֵת אַן שֵׁארְכָתא שֻׁרְכָא

Le signe , qui se trouve dans ce dernier mot, indique le pluriel, ce qui est une faute, à moins de prendre *âkkar* dans un sens collectif.

Les lignes 10 et 11 sont très-instructives. Le mot *duvarthim*, perse در «porte,» est expliqué par le monogramme , dont la forme ninivite est . Ce caractère change, dans les inscriptions de Sargon, avec les lettres *babi*, et nous lisons également dans le syllabaire *K.* 110 :

ka – a | | ba a – bu, בָבָא.

La porte se disait donc בב en assyrien, comme dans les autres dialectes sémitiques. Au surplus, le caractère se trouve dans le groupe , qui représente le nom de Babylone.

Pour indiquer le genre de porte, le perse a *viçadahyum*; nous l'avons traduit «montrant tous les pays,» ce qui peut être vrai aussi bien que «ouvert à tous les pays.» Ce sont des termes architectoniques et officiels, sur lesquels il est toujours très-difficile de se prononcer. Notre mot est (hormis *appadan*, de l'inscription de Suse), la seule expression qui ait été conservée avec sa forme perse en assyrien, par les lettres *u'iśśadâ'i*[1]; ce qui semble prouver que le *v* perse se prononçait réellement comme un *w* anglais. Mais, pour annoncer l'origine étrangère du terme, la traduction ajoute les lettres *sumsu* «son nom.»

Le caractère exprime, à Bisoutoun, le perse *nâma*; il est employé comme monogramme, et expliqué dans d'autres passages par *su um*, שֻׁם, ce qui est juste la

[1] La copie de Westergaard a , pour , qui est le seul caractère possible ici. M. de Saulcy a déjà signalé le fait de la transcription pure et simple du mot perse.

même expression en chaldaïque. Il a, en outre, les valeurs idéographiques de שְׁנַת « année, » de זכר « commémorer, » et de נדן « donner. »

Nous avons déjà eu occasion de parler de l'iphteal de עבש; on trouve, ligne 16, la première personne du pluriel נִעְתַּבַשׁ *nitibus*, qui est le perse *akumma*, correspondant au singulier *akunavam*, exprimé par אֶעְתַּבַשׁ *itibus*, ou par le kal simple אֶעְבֻשׁ.

Le mot שַׁנּוּת *sanūt* veut dire « autre; » à Bisoutoun, il se trouve aussi avec l'acception de « fois : » ce mot vient de la racine שנה « répéter; » le sens en est établi par plusieurs passages. Quant au mot *tabbanūt*, il a déjà été expliqué.

Les deux mots *anâ Pârçâ* sont traduits par *in. Parśa. haga* « dans cette Perse. » Mais l'original perse n'exprime pas du tout la même idée que la traduction; *anâ Pârçâ* ne peut, en aucune façon, signifier « dans cette Perse, » mais « par cette Perse. » Nous avons ici l'instrumental et non le locatif, qui serait *âmiy Pârçaiy*, ainsi que nous l'avons expliqué ailleurs (*Inscriptions des Achéménides*, p. 270).

Nous devons revenir sur ce point, M. Norris ayant cru devoir insister deux fois sur la fausseté de notre traduction, défendue pourtant par la grammaire. Dans son *Memoir on the Scythic version of the Behistun inscription*, M. Norris dit, p. 156, que la traduction scythique est, « I think, decisive against Oppert's translation *par cette Perse*, » et p. 170 « The correction of Oppert, *avec cette Perse, aidé par ce peuple perse*, it shews to be inadmissible. »

M. Norris se trompe. Les traductions scythiques et babyloniennes n'interprètent pas toujours le terme exact du texte perse; elles peuvent, comme elles font souvent, ne pas rendre tout à fait la nuance qu'exprime l'original. Si ce dernier a voulu dire ici ce que semblent indiquer les traductions, il faut supposer ou une faute grammaticale dans le monument, ou une erreur dans la copie du savant explorateur qui nous les a transmises. Mais, en tout cas, l'instrumental perse ne peut pas avoir le sens d'un locatif.

Nous aurons encore quelques remarques à faire sur les pronoms relatifs et . La syllabe *ma* (l. 12) signifie « que, » et semble être identique à l'hébreu מה; elle est surtout employée dans la composition *ma la*, aussi écrit *mal* « qui, non, » מַלָא ou מַל. Nous nous occuperons plus tard de *manama, manma*, à prononcer *mamman* « quiconque. »

Le même sens de « quiconque, *quidquid*, » semble être celui de שַׁתָּאשָׁא *satuv sa'*, bien qu'il me faille avouer que le sens n'est pas suffisamment justifié, sans être faux. Le scythique a *sarak* « autre, » le *else* anglais, de sorte que, de ce côté, notre idée reçoit une confirmation.

Le perse *vainatiy* (persan بيند) est rendu par un verbe *immarru*, d'une racine essentiellement assyrienne נמר « voir. » La signification de cet élément est claire; dans un dictionnaire assyrien expliquant des racines par d'autres, *namar* est expliqué (*K*. 169) par זְכַר עֵנִי *zikur ini*. Cette forme *immarru* est irrégulière en tous cas. Si c'est le niphal, cela devra être *innamru*, et, si c'est le kal, ce sera *immaru*. Ainsi, à Bisoutoun (l. 60), *immarusu*, יִמַּרְשׁוּ « il le vit, » et (l. 106) *tam-ma-ri*, תַּמַּר « tu vois. » De ce verbe *namar*, dont il existe une autre forme *amar* avec la même signification, vient aussi *tamarti* et *tamirti*, תַּמַּרְתָּא et תַּמִּרְתָּא «la vue.»

Nous rencontrons, dans la même inscription, un autre démonstratif *ullūt*, identique à l'hébreu אֵלֶּה, et qui est dans le même rapport avec le chaldaïque אִלֵּין, que *annut* l'est avec אִנּוּן. En voici les formes :

Masculin.	Féminin.	Pluriel.	Féminin.
אֻלָּא	אֻלָּה	אֻלּוּת	אֻלִּית
אֻלָּא			
אֻלָּא			

Nous n'avons guère à nous occuper ici de l'emploi très-singulier de 𒊓 (l. 18), ce qui peut être une faute, parce qu'il n'y a aucun sens. Le relatif ne se trouve pas ailleurs dans les mêmes phrases, et semble avoir été traduit par le 𒊓, qui suit immédiatement.

Le seul mot nouveau, à la fin, c'est [cunéiforme] *umma*, אֻמָּא, après *ullu* «cela;» ce terme généralise le démonstratif. Le même mot s'emploie avec le sens de «ainsi,» et sert à indiquer les propres paroles d'une personne, comme l'hébreu לאמר; c'est avec cette acception qu'on le lit dans les petites inscriptions détachées de Bisoutoun.

Voici la transcription, en caractères hébraïques, du texte de l'inscription *D* de Xerxès à Persépolis :

אלה רבו אהרמזדא · שעקר הנא ידנו · ששמי אנות ידנו · שאולותא ידנו · שדטקא אן אולותא ידנו · שאן חשירשא סר יבנו · עשתן אן סרי מאדות · עשתן אן מתימי מאדות : אנכו חשירשא · סרא רבו · סר סרי · סר מאתת שנבחר לשנת [נבי] · סר עקר הנת רבתא רחקתא · פל שדריוש אחמנשי : חשירשא סרא יקבי · אן צללי שאהרמזדא · בב הנא אהסדהי שמשו אנכו אעתבש · ושנות מסדות תבנות אעתבש אן פרס הנא · שאנכו אעבשו · ושאבוי יעבשו · ושתאשא ימרו תבנו[ת] · אלות נבי אן צללי שאהרמזדא נעתבש : חשירשא סרא יקבי · אהרמזדא אנכו לצרני ו[ש]אן סרותי · ומאתי ושאנכו אעבשו · ושאבוי יעבשו · אלו אמא אהרמזדא לצר :

II. Inscription *E* de Xerxès.

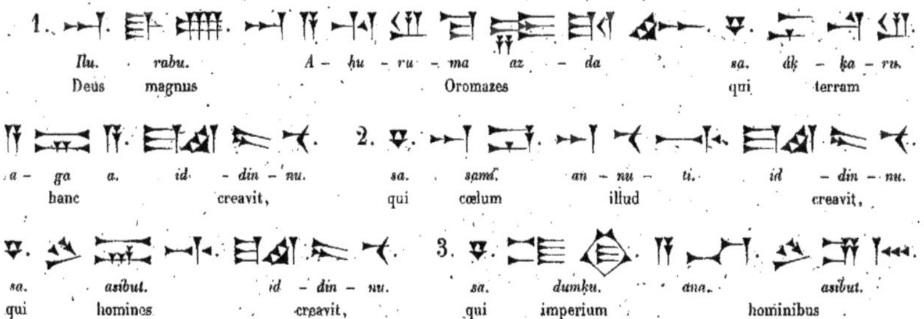

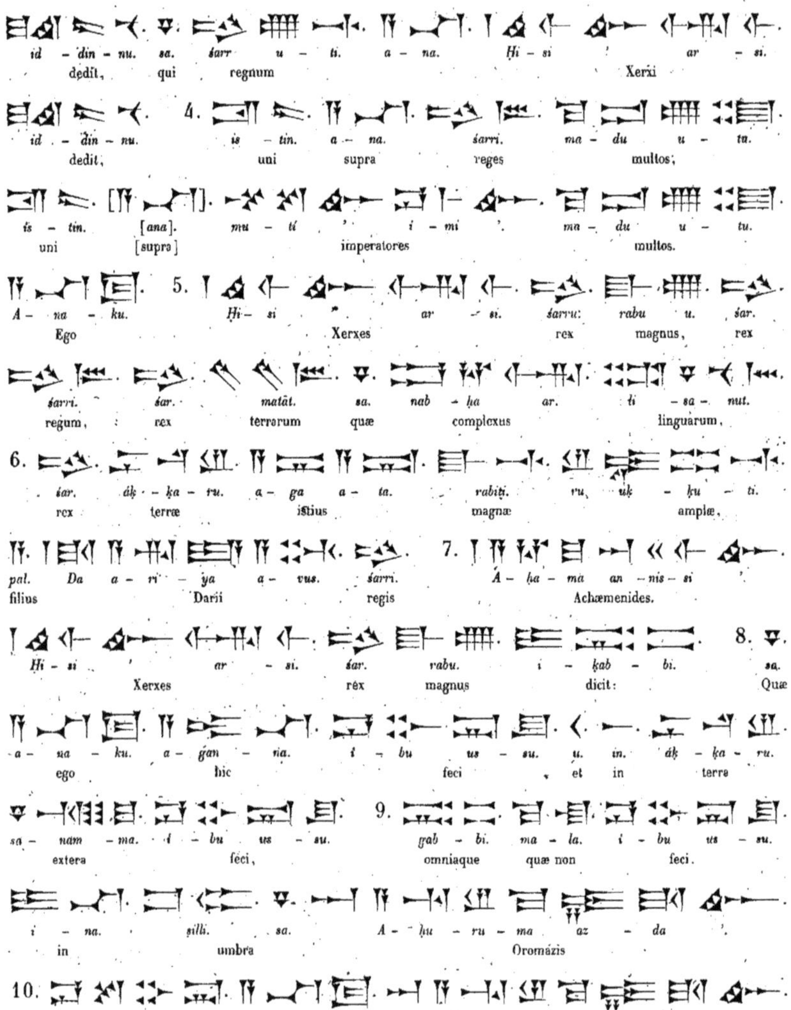

li is - ṣur - an - ni. it - ti. iluhi. u. a - na. šarr u -
protegat cum diis et regnum

ti - ya. u. a - na. sa. i - bu us - su.
meum et quæ feci.

Nous avons reproduit toute cette inscription, qui, même en présentant en général le sens de tous les textes du règne de Xerxès, a cela de remarquable qu'elle s'éloigne, pour les termes, un peu de l'original, et nous met en demeure de nous conseiller nous-même.

Nous ne donnons pas l'original du commencement, parce qu'il est identique à celui des autres textes. Nous avons à signaler plusieurs variations dans la traduction : en dehors des différentes expressions pour le mot « humanité, » nous voyons surtout que le membre de phrase « qui a fait Xerxès roi » est rendu par « qui a donné à Xerxès la royauté. »

שַׁאַן חְשִׁיַרְשָׁא סַרוּתָא יְדְנוּ

La préposition *sur*, dans le fragment de phrase « l'empire sur beaucoup de rois, » est *ana*, parce qu'elle dépend du mot סַרוּת; dans l'inscription *D* nous avions « un roi parmi beaucoup de rois. »

Le mot *duraiy âpaiy* est traduit par *rukkuti*, avec un *k* redoublé, dérivé de *rukkuti*, comme en général l'assyrien sacrifie les consonnes radicales à l'euphonie, plus que ne le font les autres dialectes sémitiques.

La troisième partie du texte assyrien diffère de l'original perse et de la traduction médo-scythique, qui est calquée sur celui-ci. On lit dans le perse :

Vasanâ Auramazdâhâ ima hadis adam akunavam.
Par la grâce d'Ormuzd, j'ai fait cette demeure.

Il faut donc expliquer le texte assyrien sans le secours de l'original, qui, comme nous le verrons, dit tout autre chose[1]. La forme dans laquelle la version est conçue se justifie parce qu'elle est spécialement destinée à des Babyloniens. A l'époque de Xerxès, le sentiment de la nationalité chaldéenne n'était pas encore éteint, et les prêtres de Bélus devaient voir avec un vif sentiment de haine et d'inimitié les exploits du destructeur des sanctuaires babyloniens. On a, sans doute, un indice réel de ce fait dans l'inscription assyrienne de Nakch-i-Roustam, où Darius dit bien aux Sémites qu'il est Perse et fils de Perse, mais où il leur cache qu'il est Arien et de race arienne. Nous devons nous rappeler également que, sur des documents de Babylone proprements dits, ni Cyrus, ni Darius, ni Artaxerxès, ne prennent ni n'obtiennent le titre de roi de Perse; leur seule qualification est celle de « roi de Babylone et des nations. »

[1] Cette diversité a déjà été signalée par M. de Saulcy dans son travail sur les textes assyriens de Persépolis. L'inscription perse *A*, dont on ne trouve pas de traduction, contient une phrase à peu près analogue à celle que nous analysons.

La traduction dit, *sa anaku aganna ibussu*, dont le sens est : « ce que j'ai fait en ces lieux. »

Le mot אַגַּנָּא *aganna* répond au perse *idâ* « ici, » et M. de Saulcy, avec sa sagacité ordinaire, avait déjà reconnu le sens de ce mot difficile, en le comparant à l'arabe ههنا « ici, » auquel il est réellement identique.

La phrase suivante est : *u in dkkaru sanamma ibussu.*

Le caractère , dont la forme spécialement babylonienne est (celle de Ninive est et), a la valeur de *nam*. Sa forme archaïque babylonienne est très-compliquée, et écrite généralement : .

Quant au style archaïque de Ninive, les tablettes de Sardanapale n'énumèrent pas moins de vingt-trois formes.

Il faut remarquer que ce caractère permute généralement avec *na am*, par exemple, dans le mot *namru* « visible, splendide. »

Le mot *sa nam ma* est également écrit *sa num ma*, ce qui en garantit la lecture; car les variations subies par les voyelles confirment les valeurs des consonnes. On doit tout d'abord être porté à y voir un terme opposé à *aganna* « ici, » et à admettre la signification de « ailleurs. » L'analogie du texte *A*, qui oppose *apataram* « au dehors » à *idâ* « ici, » milite en faveur de notre interprétation.

Voyons si l'étymologie vient à l'appui de cette opinion.

Nous avons vu que *sanu* veut dire « autre, » et nous savons, par d'autres langues sémitiques, que la syllabe *ma* forme des adverbes; ainsi nous avons en araméen כּנמא, en hébreu מאומה, sans parler des particules arabes, telles que كلّما, ربّما, بعدما, qui n'ont pas toujours une signification relative. Aussi voyons-nous dans *sanamma* le mot assyrien signifiant « ailleurs; » nous le transcrivons שַׁנְמָא.

Le caillou de Michaux a, dans une formule imprécatoire :

sa - nam - ma. i - sad - da - ru, שַׁנְמָא יַשְׁדְּרוּ,
alio expellant (eum).

Le sens de la phrase est donc « et ce que j'ai fait ailleurs. »

L'inscription continue alors : *gabbi mala ibussu in silli Ahurumazdâ itibus* « et tout ce que je n'ai pas fait, je l'ai fait par la grâce d'Ormuzd. »

Il n'y a de difficile ici que le mot *mala*. Il semblerait plus naturel, je crois, de traduire ce mot par le latin « quæquæ, » en lui donnant cette valeur indéterminée que nous avons vue attachée à la particule *umma*, et que nous rencontrerons encore dans les mots de *mamman* « quiconque, » *mimma* « tout ce qu'il y a. »

Mais le sens de *mala* ne paraît pas être celui-ci, et c'est encore une des plus singulières méprises qui a porté le colonel Rawlinson à accepter le sens de « quæ. » Darius dit que tous les Mèdes qui n'étaient pas dans des maisons se révoltèrent contre lui; c'est-à-dire tous les

Mèdes nomades, précisément, selon nous, ceux qui parlaient la langue de la seconde écriture des Achéménides, tandis que les Ariens restèrent fidèles au fils d'Hystaspe. L'original perse manque, et j'en avais donné une mauvaise restitution, en m'appuyant sur l'opinion de mon illustre confrère; car la version «que les Mèdes qui étaient en Médie prirent les armes,» qui, dans le principe, avait été adoptée par moi, n'est à vrai dire qu'un contre-sens.

Les mots «qui n'étaient pas dans des maisons,» sont rendus par מַלָא אן בת *mala in bit,* et le médo-scythique a un mot précédé du clou horizontal, indiquant un endroit, probablement le désert, [1].

Dans le caillou de Michaux, on appelle la malédiction des dieux qui *ne sont pas* nommés sur la pierre; ce sens est également rendu par *mala*.

Mais pourquoi Xerxès aurait-il parlé ici de tout ce qu'il n'a pas fait? Avant de bâtir les palais de Persépolis, au moins avant d'avoir eu le temps de les achever, le roi entreprit l'expédition de Grèce, et, en revenant d'Athènes, il détruisit les temples de Babylone. C'est à ces exploits que le monarque perse semble faire allusion, et nous ne devons pas nous étonner s'il emploie ici une litote, en exprimant sa destruction comme une *non factio*. Il semble ressortir avec évidence, de tout ce que nous avons dit, que cette traduction assyrienne avait été faite spécialement en vue des Sémites, et peut-être la destination de l'édifice, coté *N* par Ker Porter, se rattachait-elle à la prise de Babylone. Le mot «ailleurs,» qui ne se revoit jamais dans ce sens, semble indiquer spécialement les pays soumis auxquels le roi Xerxès fait allusion, au sujet de ses œuvres de destruction; car, s'il avait voulu parler de ses constructions, il aurait pu en dire un mot dans l'inscription de Van.

Et, dans ce cas, ce document aurait pour nous un double intérêt, à cause de ses allusions historiques. En voici la transcription en lettres sémitiques :

אלה רבו אהרמזדא · שעקר הגא ידנו · ששמי ידנו · שאשבת ידנו · שדמקא אן נשי ידנו · שסרותא אן חשירשא ידנו ·
עשתן אן סרי מאדות · עשתן אן מתימי מארות : אנכו חשירשא סרא רבו · סר סרי · סר מתת שנבחר לשנת · סר עקר
הנאת רבתא רחקתא · פל דריוש אחמנשי : חשירשא סרא רבו יקבי שאנכו חננא אעבשו · ואן עקר שנמא אעבשו · נבי
מלא אעבשו · אן צללי שאהרמזדא אעתבש : אנכו אהרמזדא לצרני אתי · אלהי ואן סרותי ואן שאעבשו ·

Avant d'aborder des inscriptions d'une interprétation plus difficile que les précédentes, tant à cause des mutilations qu'elles ont subies que du défaut de rigueur dans la traduction, il nous faut examiner une courte légende de Darius, qui explique un mot très-difficile en perse par un terme fort connu en assyrien.

Voici cette inscription, qui est cotée *B* de Darius :

1. *Da - ri - ya - a - vus.* *šarru.* *rabu.* 2. *šar.* *šarri.*
Darius rex magnus, rex regum.

[1] M. Norris, dans ce passage, prend pour *hu* «moi,» et explique le trait par «avec;» il aurait dû remarquer que le n'est pas précédé ici du clou perpendiculaire, indispensable devant le pronom «moi.»

L'original perse est conçu ainsi :

Dârayavus khsâyathiya vazarka khsâyathiya khsâyathiyânâm. khsâyathiya dahyunâm Vistâçpahyâ puthra. Hakhâmanisiya. hya imam tacaram akunaus.

Les traductions scythique et babylonienne contiennent un terme que l'original ne donne pas; elles s'expriment comme si celui-ci avait dit *dahyunâm viçpazanânâm* « assemblage de toutes les langues. »

Le mot perse *tacaram*, que la traduction scythique transcrit en *taşşaram*, est exprimé par l'assyrien בית *bit*, [cuneiform], monogramme de « maison, » et écrit aussi [cuneiform] *bi it*. Le sens de ce mot obscur est justifié par la traduction; c'est « palais, » ainsi que nous l'avions toujours cru.

La transcription en lettres hébraïques est simplement :

דַרְיָוֻשׁ סַרָא רַבוּ · סַר סַרִי סַר מָאתָת .שַׁנַבְחַר לִשָׁן גַּבִּי פַּל וִשְׁתַסְפָּא אַחַמַנִשִּׁי · שַׁבִית הָנָא יִעְבַשׁ :

CHAPITRE III.

GRANDE INSCRIPTION SÉPULCRALE DE NAKCH-I-ROUSTAM.

Ce document important nous a été communiqué pour la première fois par M. Westergaard; mais la difficulté de s'en procurer une copie a influé désavantageusement et sur la correction et sur l'intégrité du texte publié. Plus tard, M. Tasker, voyageur anglais mort en Perse, s'imposa la tâche difficile de copier cette inscription, qu'il communiqua à sir Henry Rawlinson. Ce savant anglais fit imprimer le texte plus complet, avec l'intention de le comprendre dans sa publication de l'inscription assyrienne de Bisoutoun; mais, par une cause indépendante de sa volonté, la science a été privée de ce document important.

Nous devons un exemplaire un peu moins mutilé de ce texte à la bienveillance de

M. Norris. Nous l'utilisons, après avoir déjà fait paraître une partie de l'inscription autographiée, sans avoir eu sous les yeux la copie de M. Tasker, n'ayant d'autre guide que celle de M. Westergaard. Quoique cette dernière laisse à désirer dans plusieurs parties, nous étions cependant déjà parvenu à résoudre des questions grammaticales qui s'y rattachaient; et notre transcription du commencement était déjà en progrès sur celle du colonel Rawlinson, laquelle, en effet, semble remonter à plusieurs années.

Quoique moins fruste, elle présente encore bien des obscurités; aussi prévenons-nous le lecteur que nous sommes forcé de laisser à l'état de problème plusieurs des points les plus intéressants. L'original perse est encore plus détérioré que la version babylonienne, et ce n'est qu'à l'aide de celle-ci que nous pourrons reconstituer une partie de ce que l'action du temps nous a enlevé.

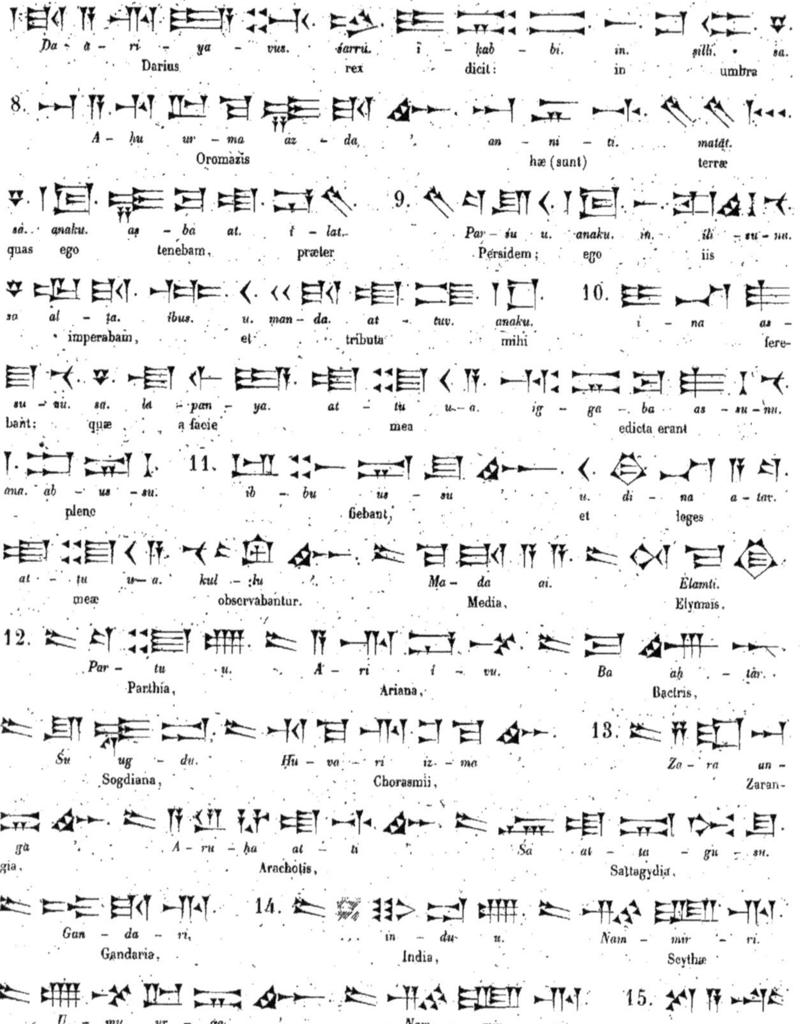

Da - a - ri - ya - vus. šarru. i - ḳab - bi. in. ṣilli. sa.
Darius rex dicit: in umbra

8. *A - ḫu ur - ma az - da, an - ni - ti. matât.*
Oromazis hæ (sunt) terræ

sa. anaku. as - ba at. i - lat. 9. *Par - su u. anaku. in. ili - su - nu.*
quas ego tenebam, præter Persidem; ego iis

sa al - ṭa. ibus. u. man - da. at - tuv. anaku. 10. *i - na as -*
imperabam, et tributa mihi fere-

su - nu. sa. la - pan - ya. at - tu u - a. ig - ga - ba as - su - nu.
bant; quæ a facie mea edicta erant

ma. ab - us - su. 11. *ib - bu us - su u. di - na a - tar.*
plene fiebant, et leges

at - tu u - a. kul - lu Ma - da ai. Elamti.
meæ observabantur. Media, Elymais,

12. *Par - tu u. A - ri - i - vu. Ba aḫ - tar.*
Parthia, Ariana, Bactris,

Šu - ug - du. Ḫu - va - ri - iz - ma 13. *Za - ra an -*
Sogdiana, Chorasmii, Zaran-

ga. A - ru - ḫa at - ti Ša - at - ta - gu - su.
gia, Arachotis, Sattagydia,

Gan - da - ri, 14. *in - du - u. Nam - mir - ri.*
Gandaria, India, Scythæ

U - mu ur - ga. Nam - mir - ri. 15.
Amyrgii, Scythæ Sagit-

rap - pa. Babilu. Assur. A - ra -
tarii, Babylon, Assyria, Ara-

bi. 16. Mi - ṣir. U - ra - as - tu. Ka - at - pa -
bia, Ægyptus, Armenia, Cappa-

tuk - ka. Śa - par - da. Ya' - va - nu. 17. Nam - mir - ri.
docia, Saparda, Ionia, Scythæ

sa. a - ḫi. ul - lu ai. var - ra - tuv. Is - ku - du - ru.
qui habitant trans mare, Scodrus,

18. Ya - na - nu. sa - nu ut. sa. ma - gi - du - ta. in. gud - du -
Iones alii qui nodos in verti-

su - nu. na - su u. Pu - u - ta. 19. Ku - u - su. Maṣ -
cibus portant, Put, Chus, Ma-

ṣu u. Kar - ka. Da' - a - ri - ya - vus. śarru. i - ḳab - bi.
xyes, Carthago. Darius rex dicit.

20. A - ḫu - ur - ma - az - da. ki. i - mu - ru. matât.
Oromazes quando vidit terras

an - ni - ti. ni - ik - ra - va. 21. a - na. lib - bi. a - ḫa.
istas superstitiosas. in modum doctrinarum

śu - um - mu - ḫu. up - ki. anaku. id - dan - na as - si - ni - ti.
perditionis, tunc mihi dedit eas

22. u. anaku. in. ili - si - na. ana. śarru - tav. ip - ti - kid. an - ni.
et mihi de iis imperium concessit;

anaku. śar. in. ṣilli. sa. 23. A - ḫu - ur - ma - az - da.
ego rex in umbra Oromazis,

anaku. in. as - ri - si - na. ul - tí - sib. si - na a - tav. u. ša.
ego in loco earum collocavi denuo eas, et quæ

24. anaku. a - gab - ba as - si - na a - tav. ib - bu uš - ša
ego dicebam iis faciebant

lib - bu u. ša. anaku. ši - ba a. iriš. 25. u. ki i. ta - gab -
sicut mihi voluntas placuit. Et si cogi-

bu u. um - ma. matât. an - ni - tav. ak - ka
tas ita: terræ illæ quomodo

i - ki - it - ša 26. ša. Da - a - ri - ya - vuš. šarru. kul - lu.
variæ quas Darius rex tenebat, »

ṣalmas - su - nu. a - mu - ru. ša. kuššû. at - tu u - a. 27. na - šu u.
imagines eorum aspice qui thronum meum portant,

in. lib - bi. tu - ma - ši. iš - šu - nu - tav. in. yu - mu - šu - va. im -
ut cognoscas eos. Tunc cogni-

mag - da ak - ka. 28. ša. a - vi - lu. Par - ša ai.
tum erit tibi viri Persici

aš - ma - ru - šu. ru - ḫu - ḳu. il - lik. in. yu - mu - šu - va.
hastam longinquo pervasisse; tunc

29. im - mag - da ak - ka. ša. avil. Par - ša ai.
cognitum erit tibi virum persicum

ru - ḫu - ḳu. ul - tu. matšu. ṣal - tav. 30. i - tí - bu uš.
longinquo a terra sua bellum repulisse.

Da a - ri - ya - vuš. šarru. i - ḳab - bi. a - ga a. gab - bi.
Darius rex dicit: Hæc omnia

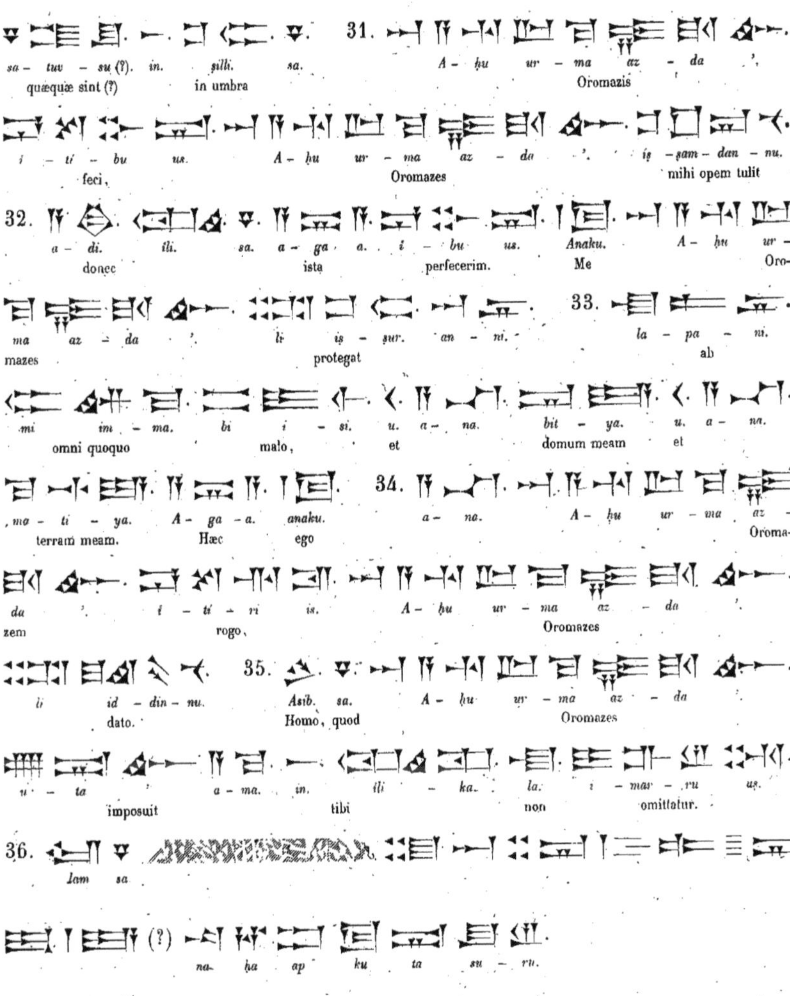

Comme on le sait, l'original perse est bien fruste, et les deux traductions scythique et babylonienne servent à l'interpréter, quoique ces deux textes ne soient pas complétement calqués sur l'inscription rédigée dans la langue de Darius. Nous pouvons donc nous dispenser de reconstituer celle-ci, avant d'avoir expliqué le texte sémitique.

Le commencement est clair : c'est le même protocole qui est placé en tête de tant d'inscriptions de Darius, de Xerxès et d'Artaxerxès. Après le mot *Achæmenide*, on lit, en perse (et la même idée en médo-scythique) : *Pârça Pârçahyâ puthra Ariya Ariya cithra* « Perse, fils de Perse, Arien de race arienne. »

La traduction babylonienne a bien respecté les mots « Perse, fils de Perse, » mais elle a omis la suite, et nous avons déjà donné la raison probable de cette omission faite à dessein. On ne voulait pas insister auprès des Sémites sur l'origine arienne du grand roi, et nous entrevoyons là une pensée d'égard pour les nationalités qui appartenaient à une autre race que celle des conquérants.

Tout le protocole a, du reste, été un peu raccourci; ainsi la phrase *aivam parunam framâtâram* n'a pas été traduite.

Ligne 5, les mots *nabhar lisan* sont écrits . La valeur syllabique de est *har,* ce qui ressort d'un grand nombre d'exemples, et le mot « langue » est écrit par le monogramme qui se trouve aussi pour le même mot dans les inscriptions de Sargon; à Ninive, il a la forme . Le monogramme complexe indique probablement « langue étrangère, » et est rendu par le mot *Sumiri*, une partie de la Chaldée.

La syllabe *kar,* en *akkar,* est rendue par le signe , le ninivite , lequel n'a pas la valeur de *par*, ainsi que je l'avais admis, à l'exemple du colonel Rawlinson.

Mais, à partir de la ligne 7, l'inscription de Nakch-i-Roustam nous fournit des formes et des termes assyriens qui, expliqués par une traduction, ne se trouvent que là, et dans lesquels réside l'extrême importance de ce document.

Les mots *imâ dahyâva tyâ adam agarbâyam apataram hacâ Pârçâ* sont exprimés par

anniti matât sa anaku aṣbat ilat Parsu.
hæ (sunt) provinciæ quas ego tenebam præter Persidem.

Le verbe *agarbâyam* est rendu par un mot qui se lit souvent, dans cette acception, dans les inscriptions assyriennes, צבת. La forme de Nakch-i-Roustam ne nous apprendrait rien sur les lettres radicales; car (c'est ici que se manifeste l'inconvénient d'une écriture qui ne distingue pas entre elles les consonnes finales de la même classe) le verbe pourrait être זבר, זבם, זבת, סבר, סבם, סבת, צבר, צבם, צבת. Mais, de ces neuf racines, une seule est possible, et l'on s'en assure par les formes qui sont dérivées du verbe. Ainsi nous trouvons souvent le niphal de cette racine au pluriel, יִצַּבְתֻן *uṣṣabitun*, le shaphel אֲשַׁצְבַּת *usaṣbita*, où les lettres et nous démontrent clairement que le dernier élément correspond à l'hébreu ת. Pour le premier radical, la chose est plus difficile, car représente צ et ז; mais, pour nous tirer d'embarras, nous avons des substantifs dérivés, tels que צִבְתְּתָא *sibitti* « la prise, » et le *si* ne permet plus de doute sur le caractère de la première lettre.

Le mot צבת se trouve aussi en chaldéen, avec la signification de «lier;» en hébreu, il n'y a que le צֶבֶת «la liasse,» le verbe arabe ضبط semble être de la même famille.

Outre *aṣbat*, nous avons encore, dans les inscriptions, la forme *aṣṣabit*, iphteal avec le ṣ redoublé. La forme régulière serait *aṣtabit*, ce qui ne va pas plus à l'assyrien qu'à l'hébreu. Celui-ci change le ת en ט, comme le font l'arabe et l'araméen; l'assyrien l'assimile à la première lettre, précisément comme la langue des saintes Écritures redouble le ז dans des cas semblables. Ainsi la forme *uṣṣabbit*, c'est l'iphteal pour *uṣtabbit;* et de la sorte s'expliquent toutes les formes du verbe qu'a laissées sans interprétation sir Henry Rawlinson dans son travail sur l'inscription de Bisoutoun (p. LXII).

Le même mot *aṣbat* se trouve également dans les inscriptions de Ninive; mais là, quelquefois, il est la transcription anarienne du sémitique אִזְבַּר «je donnai,» surtout dans la phrase אֵן אֱלָהַי אִזְבַּר «j'ai donné à mes dieux.» (Voy. Rawlinson, *l. c.*)

Le mot «præter,» *apataram* en perse, s'écrit [cunéiforme]. La dernière lettre a beaucoup de valeurs; je choisis celle de *lat*. Ce mot serait alors עלת *ilat*, et viendrait de עלה «dépasser.» Je n'ignore pas, du reste, que, dans toutes les langues sémitiques, la même idée s'exprime par un son voisin, אֶלָּא, إِلَّا; mais ce mot doit avoir d'abord existé en assyrien, sous la forme אלא *ulla*, et encore cette particule ne se trouve-t-elle qu'après une négation n'existant pas dans cette phrase.

Le nom de la Perse s'écrit ordinairement *Parśu*, comme ici; quelquefois, seulement, il s'écrit *Parśa*.

La phrase suivante, *adamsâm patiyakhsaiy*, veut dire «je régnais sur elles.» Cette interprétation, fixée par nous, a été confirmée par les traductions. Le mot perse *patiyakshaiy* dérive de *pati* et de *khsi*, प्रतिक्षि *pratikshi* en sanscrit, et de cette composition est venu le mot moderne پادشاه; il vient de *patikhsaya* «le règne,» formé avec le *vriddhi* : *pâtikhsâya*. C'est encore aujourd'hui le titre suprême de la royauté, et il ne faut pas s'étonner que le terme sémitique rende cette même idée. Nous y lisons les lettres :

[cunéiforme]
anaku. in. ili - su - nu. sa al - ṭa. AK.

Sir Henry Rawlinson, qui s'est occupé de ce passage à l'occasion de l'inscription de Bisoutoun (p. L), a mal entendu le sens de ces mots; il les rattache à la phrase suivante, et traduit : «I to them what I made known [was] to bring tribute,» phrase qui m'est complétement inintelligible. Le savant anglais a formé un verbe *ladak*, auquel il attribue le sens de «savoir.» Les lettres que notre collaborateur transcrit *sa-aldak* doivent être *salṭa ibus* «dominationem faciebam,» plus énergique que le simple אשלט *aslut*.

Le [cunéiforme] représente également, nous le savons, la lettre ט, et le verbe שלט est bien connu dans toutes les langues sémitiques comme l'expression de la domination. Il est inutile de rappeler ici les termes qui dérivent de ce verbe, et qui sont encore aujourd'hui dans toutes les bouches. La lettre *ak* est, comme nous l'avons déjà dit, le monogramme rendant עבש (témoin la tablette *K.* 110), et doit se transcrire ici par אֶעְבֹּשׁ « je fis, j'exerçai. »

Ainsi le perse *patiyakhsaiy*, d'où dérive le mot qui exprime, en persan moderne, l'autorité royale, est rendu par un verbe qui, de nos jours encore, désigne la puissance monarchique chez les Sémites et chez ceux qui professent la religion des Arabes.

Pour les mots *manâ bâzim abarañtâ* « mihi tributa afferebant, » nous avons :

u mandattuv anaku inassunu.

Les deux signes , que le colonel Rawlinson (*l. c.*) lit *ana-śi*, sont sûrement , car le *manâ* perse ne serait pas traduit sans cela.

Le mot *mandatta* « tribut, » que les inscriptions assyriennes rendent ordinairement par *madatta*, vient de נדן *nadan* « donner; le *n* initial n'est pas élidé : le dernier pourtant est assimilé à la lettre ת, et מַנְדַּתָּא est pour מַנְדַּנְתָּא; ainsi nous trouvons לִבְתָּא pour לִבְנְתָּא.

Le barbarisme *anaku*, pour les cas obliques, a été déjà relevé. Le terme suivant, qui contient la version du perse *abarañtâ* « ils portaient, » nous fournit un nouvel exemple qui nous montre que ce sont les choses les plus simples que l'on saisit le plus difficilement. Le verbe נשה veut dire « porter » en assyrien; nous avons יִשֵּׁי *issû* pour le perse *parâbara* « il emporta[1], » et souvent *nasu* pour « porteur : » ainsi à Nakch-i-Roustam, Gobryas, le doryphore du roi, est nommé *nasu des lances*, *arstibâra* en perse.

Le mot *inassunu* est le paël de ce verbe, régulièrement formé avec le נ paragogique, tel qu'il se trouve souvent en assyrien, par exemple en יִתְּרוּן *itturun*, יְקַבּוּן *ikabbun*, etc. et la phrase doit se transcrire tout simplement par : וּמַנְדַּתָּא אֲנָכוּ יְנַשּׁוּן.

L'original continue :

tyasâm hacâma athahya ava akunava.
quæ iis a me imperabantur ea faciebant.

La traduction a :

sa lapanya attûa iggabassunu ana appusu ibbussu.

La préposition *hacâma* est exprimée, ici et ailleurs, par les mots *lapanya attua*. La syllabe *pan* est rendue ici par , ce qui ordinairement est traduit par *si;* la valeur de *pan* résulte d'abord de la comparaison de ce passage même avec les termes parallèles des autres inscriptions : elle nous est fournie ensuite par le témoignage direct des syllabaires de Ninive. La valeur de *pan* est dérivée de la signification idéographique de , qui est « face, œil, » et, dans cette dernière acception, on lit souvent « les deux yeux. »

La particule לְפָנִי *lapani* répond à *de*, et ne correspond pas, quant au sens, à l'hébreu לפני; mais a plutôt une signification opposée, celle de l'hébreu מפני. C'est là, du reste, un des cas rares où la lettre ל est employée d'une manière analogue à ce qu'elle est en hébreu et

[1] M. Rawlinson, qui (p. LXXXIV) a bien reconnu la forme *issû*, sépare *inassunu* en *ina-assunu*, et traduit « ad eas, » ce qui n'a pas de sens.

en arabe. Les Assyriens mettent ordinairement, pour exprimer cette idée, *istu pani*, puisque *istu* indique l'idée de l'éloignement.

Le mot *iggabassunu* est le niphal de קבה *ḳabū*, avec le suffixe de la 3e personne. L'idiome assyrien, surtout tel qu'il se présente dans les textes des Perses, redouble la consonne du suffixe après une voyelle, comme s'il y avait un *n* élidé; ainsi nous avons יִנְדַנַּשְּׁנֻת *indanassunuti* «il les a donnés,» אֲקַבַּשְּׁנַת *agabbassinati* «je leur dis,» יִמַּגְדַּךְ *immagdakka* «il te sera connu.» Le mot *iggabassunu* se transcrit יִקָּבַשְּׁן.

Le reste de la phrase nous montre une locution sémitique bien connue également de l'hébreu; à savoir, la répétition du verbe à l'infinitif, dans le but d'insister sur l'idée exprimée par le verbe. Nous nous bornons à rappeler l'exemple מות תמותון.

Nous avons ici une forme *appusu ibbussu*. Le mot est très-probablement , au lieu du *us*, que propose sir Henry Rawlinson pour la seconde lettre. On pourrait bien opposer à cette lecture la remarque que le son de *apussu* devrait s'écrire *a-pu us-su*, et non pas *ap-us-su*.

Notons, en tous cas, que ces mots impliquent quelque anomalie; car, si l'on s'attend au niphal, il serait, avec le redoublement de la première consonne, *i-ibusu*, ou, en conservant le *n*, *inibusu*. Il faut donc que nous admettions un paël, mais alors la forme infinitive devrait être plutôt *ubbusu*, et l'aoriste *iabbisu*. Car, pour parler spécialement d'un verbe פ״ע, le participe paël de עבר est מְעַבֵּר *muabbid* «emmenant en esclavage.»

Mais je crois que c'est pour le paël qu'il faut se décider, de sorte que la forme doit être transcrite אַן עַבֵּשׁ יְעַבְּשׁוּ.

Abordons maintenant l'analyse de la dernière phrase de ce paragraphe, dont l'original perse est

dâtam tya manâ aita adâri.
lex quæ mea illa observabatur.

L'assyrien dit :

u dinâtav attûa kullu'.

Le mot *din* veut dire «loi;» c'est un mot tellement connu, que nous ne reviendrons pas sur sa signification. La racine דין veut dire également «juger» en assyrien, d'où דין *dayan* «le juge.» Le même mot se lit, joint au terme perse, dans la Bible, דת ודין (Esth. I, 13), et partout où le texte perse a *dâtam*, la traduction assyrienne nous fournira *din* et *dinat*. Il va sans dire que le zend *daêna*, le perse *daina*, d'où dérive le persan دين, n'a rien à faire avec le sémitique דין, mais qu'il se rapporte à la racine *dê* «connaître, voir.»

Le mot suivant, *adâri* «fut tenue,» est partout expliqué par le mot assyrien *kullū*, que *kul* soit écrit *ku ul*, ou avec le seul signe . La forme *kullū* ne saurait être qu'un prétérit; mais ce temps ne se montre presque jamais en assyrien, sauf de fort rares exceptions, par exemple נשא *nasa*. On peut s'étonner, il est vrai, de voir manquer en assyrien un temps aussi nécessaire : car il n'est pas probable, selon nous, qu'il se soit seulement formé après la séparation des différentes branches de la race de Sem, et en vertu d'une sorte d'agglutination, comme cela a eu lieu dans les langues tatares[1]. Nous devons voir, au contraire, dans ce mot, un reste de cette ancienne conjugaison, qui s'est conservée, non pas comme *espèce*, mais comme *individu*, dans ce seul verbe *kullū* et quelques autres peu nombreux.

L'exorde est suivi des noms de pays dont la connaissance n'a plus d'intérêt ici, puisque le déchiffrement des caractères auxquels ils servent est suffisamment établi. Ce serait tout au plus sous le point de vue de la géographie que la lecture de ces noms pourrait éclairer nos pas.

Au nombre des épithètes jointes aux noms des peuples énumérés, il y en a quelques-unes qui ne sont pas rendues par le nom perse, mais expliquées par une phrase assyrienne.

Les *Sakâ Humargâ* sont rendus, en babylonien, par *Nammirri Umurga*, ce sont les Σκύθαι Ἀμύργιοι d'Hérodote (VII, LXIV). L'explication des mots *Sakâ Tigrakhudâ* est plus difficile : à coup sûr, le dernier terme n'a rien de commun avec le fleuve du Tigre, mais est une épithète signifiant « sagittaire. » C'est, en effet, ce que le mot *Tigrakhudâ*[2] semble annoncer. Quelque difficile que soit cette explication, le terme babylonien l'est plus encore. Les lettres suivantes ne peuvent être exactes, parce que la phrase doit commencer par *sa*.

kat. bal – su – ti – su – nu. rap – pa

Que veut dire cela? Nous devons, jusqu'ici, avouer notre ignorance.

Un autre terme est plus clair : c'est celui des *Iaunâ Takabarâ;* nous avions déjà démontré (*Inscriptions des Achéménides*, p. 254), que cette épithète, bien que reproduite dans la traduction médo-scythique, ne pouvait être considérée comme un nom de peuple, mais seulement comme une appellation exprimant une des qualités de la nation.

Nous avions vu dans *taka* le nom d'un objet qui distinguait les Ioniens (porteurs de *taka*), et nous avions rapproché le zend *dĕrĕgatakanâm*, comme épithète des chevaux, signifiant peut-être « à longue crinière. » Nous traduisons maintenant « à longue queue, » et nous verrons que nous n'avions pas été bien loin de la vérité, en reconnaissant sous cette dénomination les Grecs d'Europe. La traduction babylonienne porte :

yavanu sanut sa magiduta in kuddusunu nasū.

Expliquons-nous d'abord sur la lecture.

Le mot que nous transcrivons *kuddu* s'écrit en lettres cunéiformes. La première lettre a pour valeur ordinaire *sak;* ensuite, comme symbole de la tête, *ris*, et enfin

[1] Nous ne voulons pourtant pas condamner absolument cette opinion.

[2] Le mot *Tigrakhudâ* semble contracté de *Tigrakhuvavidâ*, et rappellerait un terme sanscrit *Tigrakôvidâh* « sagittarum periti, » si le mot *tigra* se trouvait dans la langue brahmanique.

gut, c'est la valeur que lui donne une tablette de Sardanapale. Nous avons vu que le *g* des inscriptions de Babylone et des Achéménides exprime un ק organique, et nous pouvons admettre le *k* guttural avec d'autant plus de raison, que les inscriptions de Sargon fournissent la permutation dans ce mot même, et *ka*. Nous transcrivons donc ce terme קָרְא, et nous y reconnaissons l'hébreu קדקד « vertex. »

Quant au mot *maginata*, il exprime le perse *taka* : le *n* n'est pas bien assuré, au lieu du je suppose un *du;* alors nous lirions *magiduta*, מְאַגְּרַת « des nœuds, des tresses, » de אגר « lier. »

Les Ioniens *Takabares* sont donc les Grecs qui portent des tresses sur la tête, et ce sont précisément les Hellènes d'Europe que la victoire de Marathon a immortalisés.

Nous savons que les soldats spartiates étaient dans l'usage de se tresser les cheveux et de ne pas se couvrir la tête, et cet usage a pu frapper les Perses, habitués à avoir la tête coiffée d'une tiare.

A la ligne 17, nous rencontrons pour les *Çakâ paradâraya* une expression complexe :

sa aḫi ulluai, *marrati*.

Le mot *marrat* veut dire « mer; » c'est un terme qui ne se trouve pas dans les autres langues sémitiques. Nous le lisons *marrat* et non pas *varrat*, parce que le *v* initial est peu usité en assyrien. Nous ne le rapprocherons ni de *bahr* en arabe, comme le fait M. Hincks, ni du latin *viridis*, comme le fait le colonel Rawlinson; mais nous n'oublions pas que la racine مر, en arabe, veut dire « aller, couler; » *marrat* est donc simplement « ce qui coule, » l'eau et ensuite la mer.

Quant au monogramme complexe , il se trouve devant les noms de fleuves et devant celui de la mer; mais il a, jusqu'ici, résisté à notre déchiffrement, faute de connaître la valeur de la lettre .

Pour *ullu ai*, l'inscription assyrienne de Persépolis (cotée *H*), qui n'a pas de traduction, a , de sorte que le mot serait *aḫullu ai*. Ce terme y est toujours opposé à *aḫanai*, et Darius introduit les quatre distinctions : les *aḫullu ai* de la mer, les *aḫanai* de la mer, les *aḫullu ai* de la terre ferme, les *aḫanai* de la terre ferme.

Ces mots sont encore fort obscurs; malheureusement le texte perse de Nakch-i-Roustam n'est pas lui-même assez bien conservé pour être un guide sûr, car la première lettre du mot en question est mutilée, et la lecture *paradâraya* ne se fonde que sur une conjecture. Néanmoins le sens semble être « les Scythes de la côte de la mer, » et la mer sera probablement la mer Noire.

Cette interprétation cadre mieux avec la disposition géographique qui y est rigoureusement observée; car *Iśkudur* représente certainement la Thrace, y compris le nord de la Grèce, ces peuples que Darius nomme *des nations d'Afrique*, les *Put*, les *Kus*, les *Massu*, et *Carthage*.

La peuplade dont le nom est écrit en perse *Maciyâ*, en médo-scythique *Maṣṣiyap*, ici *Maṣṣu* (?), est connue sous le nom de *Maxyes*, et ce sont probablement les *Machouach* des hiéroglyphes, comme le suppose M. Brugsch. Ces *Maciyâ* devaient être un peuple fort lointain, et inconnu jusque-là des Perses; car Darius fait figurer leur image au-dessous de son trône, accompagnée de l'inscription « ce sont les Maciyâ. » Le peuple auquel s'applique ce nom doit porter une longue chevelure; c'est ainsi qu'Hérodote dépeint les Maxyes.

Il n'y a rien à objecter contre l'orthographe grecque Μάξυες; le ξ représente souvent le *tch* des langues orientales, et cela est d'autant moins étonnant, que les formes perse et grecque n'étaient elles-mêmes que des altérations d'un nom libyque.

En présence de ces faits, nous maintenons plus que jamais l'interprétation de *Karkâ* par Carthage (que nous avons déjà proposée en 1847), et nous y voyons dans le nom sémitique כַּרְכָּא « la forteresse, » que portait certainement un quartier de Carthage. Cette assonance des deux noms, כרכא et קרתחדשת, semble avoir été la source des différences entre le grec Καρχηδών et le latin *Karthada* et *Karthago*.

L'opinion de M. Kiepert, qui voit en *Karkâ* la Cilicie, se réfute par la traduction babylonienne, qui n'aurait pas manqué de donner le nom assyrien de la Cilicie, חלך *Ḥilakki*. L'intervention de Darius à Barcé, du reste, prouve qu'il se considérait comme roi du littoral africain.

Sous le nom de *Sapârda* semblent être comprises la Phrygie, la Lydie, la Lycie, la Carie, sauf toutefois les côtes de la Méditerranée, exprimées sous la dénomination de *Javan*. Le nom d'*Arabie* paraît indiquer également la Syrie.

Nous saisissons donc, aidés par la traduction assyrienne, dans la table des satrapies, l'ordre suivant :

I. Groupe oriental. — La Médie, la Susiane, la Parthie, l'Ariane, la Bactriane, la Sogdiane, la Chorasmie, la Sarangie, l'Arachosie, les Sattagydes, la Gandarie, l'Inde, les peuples touraniens du Nord.

II. Groupe occidental. — La Babylonie, l'Assyrie, l'Arabie (avec la Syrie), l'Égypte.

III. Groupe de l'Asie Mineure. — L'Arménie, la Cappadoce, la Phrygie, l'Ionie.

IV. Groupe européen. — Les Scythes de la mer Noire, la Thrace, la Grèce.

V. Groupe africain. — Les Put et les Kus, les Libyens, Carthage.

Nous n'avons pas parlé du nom de Scythes, parce que nous avons déjà dit que le nom de *Nammirri*, donné en général à ces nations, n'est autre que le mot touranien *nam* « race, » auquel est joint le suffixe *ri* de la 3e personne.

Nous abordons maintenant la véritable difficulté qu'offre l'inscription, et nous chercherons à expliquer, à l'aide des traductions, le sens de l'original mutilé.

Le perse est ainsi conçu :

Thâtiy Dârayavus khsâyathiya : Auramazdâ yathâ avaina imâm bumim y[âtum] paçâvadim manâ frâbara.

Parâvadim, comme mes devanciers et moi avons lu, est à changer en *paçâvadim*, le 𒊏 *r* devant être un 𒊓 *ç*. Le texte babylonien de la dernière partie porte אֻפְּכִי אֲנָכוּ יִדַּנַּשְׁנִת, *upki anaku iddannassiniti* « ensuite il me les donna. » Nous devons retrouver cette même idée en perse; il nous suffit, pour cela, de changer une seule lettre, car le suffixe *dim* indique l'objet et se rapporte à *bumim*. *Paçâvadim* veut dire « postea eam. »

Nous avons déjà parlé de formes telles que *iddannassinit*, l'iphtaal de דנה *dana*, pourvu du suffixe de la 3e personne au féminin, et tout y est clair jusqu'à « ensuite, » qui est un *persisme*, car nous lisons à Bisoutoun « quand j'eus tué le Mage, *ensuite* un Susien, etc. »

Le mot *upki* ne se mettrait pas ainsi dans une inscription d'origine sémitique, et sa présence ici nous a forcé à chercher *paçâva* dans le texte arien, où nous l'avons trouvé.

Mais le commencement de la phrase est très-compliqué et très-difficile; cette difficulté ne tient qu'à un mot fruste qui commence par *y*. . . et ce seul mot est rendu en assyrien par toute une phrase :

sa ikrava ana libbi ahaï summuhu.

Avant 𒅅𒊏𒉿 de *ikrava*, il y a une lacune qui est comblée par 𒉌 dans le texte imprimé et publié par sir Henri Rawlinson; je doute de l'exactitude de cette restitution, car la forme *nikrava* ne saurait être défendue par aucune considération. Si on ne met pas la particule *sa* « que, » il faut le participe, qui serait *nikrat* ou *nakirât;* ne manque-t-elle pas, alors il faut l'aoriste, qui est *ikkira* ou *ittikra*. *Ikrava*, au contraire, est une forme de la 3e personne du pluriel au féminin[1].

Le mot *ikrava* présente un sens plus juste et mieux approprié, soit qu'on le fasse venir de כרע « se prosterner, » ou de קרא « invoquer, » et le sens est « quand Ormuzd vit que ces pays adoraient, » *ana libbi ahaï summuhu*, que nous traduisons « d'après les livres de la perversion. »

Il y a un mot qui tient lieu d'un grand nombre de particules de rapport, c'est le mot לבב *libbu* « cœur. » *In libbi* veut dire « dedans, entre; » *ana libbi* « d'après, contre; » *libbû sa* « comme, conformément à. » Nous rencontrerons beaucoup d'exemples de l'emploi de *lib* dans la version assyrienne de l'inscription de Bisoutoun.

Le mot 𒀀𒄩 signifie « écriture, doctrine; » c'est l'arabe وحى, qui a la même signification. Ainsi le caillou de Michaux nous dit, en parlant des imprécations qui suivent, אַחָא לָא מְּטֵא « cet écrit, qui ne sera pas changé. »

Nous nous croyons donc autorisé à voir dans ce mot un terme exprimant « la doctrine. »

𒊭𒌝𒈬𒄷 *summuhu* se trouve dans la copie de Westergaard, et je l'adopte, au lieu de *śummuhu* avec 𒋗 *śu*, que présente l'édition britannique; nous connaissons une foule de dérivés de ce verbe, et le mot *summuh* se trouve avec cette même forme dans l'inscription de Nabuchodonosor (col. II, l. 37).

[1] Le *va* est mis pour indiquer la prolongation résultant de la prononciation de la troisième radicale, qui n'est pas un י ou un ו quiescent, mais une aspiration assez forte.

Nous ne pouvons pas savoir au juste si le mot שָׁמַח est un shaphel de נמח ou un paël de שמח, ainsi que la forme מִשְׁתַּמַּח peut être un istaphal du premier, ou un iphteal du second. La signification première semble être la même, «abstergere,» et je crois que נמח se rattache à מחה, comme נתן et נדן se rattachent à תנה et à דנה. Le verbe שמח se forma ensuite, comme l'assyrien שכן de כון, et reçut une existence indépendante; nous voyons ainsi que, dans l'arabe, le verbe سمح, formé du shaphel de מחה, a la même signification de «pardonner» que le hiphil de ce verbe en hébreu.

Cette idée de perdition dérive, comme celle du pardon, de l'idée primordiale d'essuyer, et celles du pardon et de la perdition (comparez le sens biblique de כפר et le sens judaïque de כפרה) sont, de nouveau, alliées à l'idée de superstition et de fausse croyance; nous n'avons qu'à rappeler le كافر des Arabes.

La divinité d'*Istar*, la déesse de la guerre, est nommée ainsi : מְשַׁמַּחַת נִשֵׁי עָלַם «celle qui détruit les hommes du monde.»

Nous maintenons donc, pour שָׁמַח *summuḥ*, les idées de «perdition, perversion, fausse croyance,» et nous restituons le sens du passage ainsi : «Quand Ormuzd vit que ces pays adoraient selon les doctrines de la perdition, il me les confia.»

Il s'agit maintenant de savoir quelle confirmation peut nous être fournie par l'original, où *y* (selon quelques copies, *yu*) seul nous est conservé. La réponse nous semble facile; le monument admet juste la place pour les lettres *yâtum* «magicam.» C'est le nom des ennemis de Zoroastre dans le Zendavesta, et encore conservé dans le persan جادو.

Et maintenant on comprendra l'importance de la révolte du Mage Gomatès. N'oublions pas que la dynastie des Achéménides fit du culte bactrien la religion d'État de la Perse. Les Arabes nous parlent d'un cyprès sacré que le calife Mutavakkil fit couper, en 846 de l'ère vulgaire. Cet arbre devait avoir été planté par Zoroastre, et être alors âgé de quatorze cent cinquante années lunaires. On a calculé que la date de la plantation tombait sur 560 av. J. C. et on a conclu de là que Zoroastre avait introduit à cette époque le culte dualiste.

Nous n'avons pas à insister sur les nombreuses et souveraines raisons qui doivent placer le prophète de la lumière au moins mille ans plus haut. On a oublié que cette date de 560 avant J. C. est d'une grande importance dans l'histoire universelle, et qu'elle est marquée par l'avénement des Perses à l'empire de l'Asie.

Il est certain que Cyrus imposa à l'empire la religion de Zoroastre. Nous avons, à cet égard, le témoignage des anciens, de Xénophon, de Nicolas de Damas et d'autres; il renversa la religion des Mèdes, d'origine touranienne, mais mêlée d'éléments assyriens, et dont les représentants les plus fanatiques se trouvaient dans la tribu des Mages.

La révolte et la domination des Mages pendant l'absence de Cambyse, et qui partait de Médie, ne fut donc qu'une tentative pour rétablir la puissance du peuple médique, et en même temps pour détrôner le culte de Zoroastre, que l'on pensait remplacer par la religion ancienne de la Médie. Aussi le Mage Gomatès, quoiqu'il se dît fils de Cyrus, détruisit-il les autels nouveaux et les remplaça-t-il par les anciens. Le précieux renseignement qui nous est fourni par l'inscription de Bisoutoun nous fait entrevoir quel était l'objet de cette usurpation, et la fraude ne fut que le moyen de se justifier aux yeux des masses.

Darius, après la chute du Mage, n'eut rien de plus pressé que de rétablir le culte antique de sa dynastie, et de préserver ainsi son pays du mensonge (*drauga*) qui s'y était introduit pendant la courte domination des Mages, dévoués à la croyance des *Yâtus*.

C'est ainsi que nous croyons avoir trouvé le véritable sens grammatical et politique de ce passage important de l'inscription sépulcrale de Darius, fils d'Hystaspe.

La phrase suivante, si simple en perse, *mâm khsâyathiyam akunaus* «il m'a fait roi,» n'a pas semblé suffisamment explicite à Darius, en présence des lecteurs sémitiques. Savait-il donc, par l'histoire de ses guerres de Babylone, que le seul fait de la royauté acquise pouvait être allégué par d'autres monarques que lui; et, justement, des adversaires de race sémitique avaient, plus d'une fois, eu raison de lui par le seul fait accompli. Il jugea, pour cela, nécessaire de changer la question de fait en celle de droit, et de faire remonter au dieu, principe du bien, ce qu'il avait conquis par son énergie. Il dit donc :

u anaku in ilisina ana śarrūtav iptíkidanni
et mihi supra eos imperium tradidit.

Il n'y a qu'un mot de nouveau, c'est . Le signe n'est pas ici celui qui rend «maison,» prononcé *bit* et *mal*, mais ce semble être une faute du copiste pour , correspondant à l'assyrien , dont les valeurs sont *kit* et *śaḫ*. Nous ne voulons pas entrer dans des explications sur ce caractère; nous remarquons seulement ici que les clous perpendiculaires qui suivent immédiatement des coins horizontaux, sont souvent croisés avec ces derniers. La forme ordinaire en assyrien de est changée, à Babylone, en et en : ainsi le s'écrit souvent ou ; le devient , même ; et une forme fréquente de est .

Le caractère «maison,» en assyrien, se distingue, à Ninive, de «abîme» par un clou de plus; mais cet élément a été perdu en babylonien, où la position des coins seule distingue les lettres; ainsi,

remplace l'assyrien ,
. . . . (par exemple, sur le caillou de Michaux).

L'écriture archaïque distingue, au contraire, la syllabe *kit* par un trait de plus, ainsi,

est , et est .

Nous avons cru devoir nous étendre quelque peu sur ce point, car la valeur des lettres reste toujours la base de l'interprétation; et cela est d'autant plus nécessaire, que sir Henry

Rawlinson, induit en erreur par ce même passage, a voulu donner à la lettre [cunéiforme] le son de *nu*, qu'elle ne saurait avoir. Cette supposition a été mise en avant pour lire *Nuah* le nom du dieu que nous identifions avec Nisroch, et pour en faire le Noé babylonien.

Le terme à interpréter est יִפְתְקֵד *iptikid*, iphteal du verbe פקד « respicere, » à l'iphteal « concredere, confier, » et c'est le même terme que, dans le paël, Nabuchodonosor emploie en parlant de lui-même :

חֲרַן יְשִׁרְתָא תְפַקְדְסוֹ
tu lui as confié le sceptre de la justice.

Le mot perse *agañtâ* (Bisoutoun, l. 8), qui a bravé toutes les interprétations, est traduit par פִּתְקֻדְ *pitkudu*, nomen actoris avec un ת entre פ et ע; et qui veut dire « qui se confie, fidèle sujet. »

Le verbe פקד a, du reste, le même représentant idéographique que le verbe רנה « donner, » c'est-à-dire [cunéiforme].

La phrase suivante « je suis roi par la volonté d'Ormuzd, » ne présente pas de difficulté. *Adamsim gâthawâ niyasâdayam* veut dire « je les ai rétablies à leur place, » c'est-à-dire « j'ai rétabli l'ordre parmi elles. »

J'ai déjà expliqué le perse *gâthu* par le persan گاه « place, trône, » et le mot antique eut également les deux significations; l'assyrien nous le prouve :

anaku in asrisina usisib sinâtav
ego in locis earum collocavi eas.

Le mot *asrisina* vient de אֲשַׁר *asar* « place, lieu, » terme bien employé en assyrien, et identique avec l'arabe أثر et le chaldaïque אתר. Il n'est pas invraisemblable que ce soit le même mot dont s'est formé plus tard le relatif hébraïque אשר.

D'après la copie de M. Westergaard, je préfère restituer [cunéiforme] *u-si-sib*, en place de [cunéiforme], que sir Henry Rawlinson semble avoir restauré. Ne connaissant pas la copie prise par M. Tasker, je suspends un jugement défavorable à *ultisib*, 1re personne de l'istaphal de אשב; cependant ce serait plutôt [cunéiforme] *altisib*. *Usisib* se transcrit אֲשִׁישַׁב et est le shaphel du même verbe; rien, du reste, ne serait changé pour la signification de la phrase.

Le roi perse se répète en continuant :

tyasâm athaham ava akunavatâ
quæ illis dicebam ea faciebant.

L'édition anglaise porte [cunéiforme], et le colonel Rawlinson transcrit *a gab u;* c'est sûrement une faute, car que fera-t-il de *assinât* qui suit : c'est [cunéiforme] *akabbassinât* « je leur disais. » *Akabba* est la 1re personne de *ikabbi* et *takabbu;* nous le transcrivons par אֲקַבָּא.

La forme *ibbussâ* est une altération de *ibusâ*, et c'est ainsi qu'écrivaient les Assyriens, qui apportaient plus de correction dans leur orthographe. La forme *ibusâ*, le féminin pluriel, ne demande aucune explication ultérieure.

Dans la phrase suivante nous rencontrons encore une expression que nous ne pourrions pas expliquer sans le secours des tablettes de Sardanapale. Le sens de la phrase est « comme c'était mon bon plaisir, »

libbū sa anaku ṣibā KA
sicut meæ voluntati placuit.

Le premier mot indique « comme si, » ainsi dans la phrase de Bisoutoun :

libbū sa Gumâtav hagasū Magus bit attūn la issū
perinde ac Gomates ille qui Magus domum nostram nobis non eripuisset [1].
לְבוּשַׁא גְֻמָֽתָא הַגַּשׁוּא מַגֻשׁ בֵית אַתּוּן לָא יִשׁוּ׃

La même idée est exprimée à Babylone par le roi :

libbūa in ḳirib Babilu
sicut ego in medio Babylonis [2].
לִבּוּיִ אִן קִרִב בַּבְלוּ׃

Le mot צִבָא *ṣibā* exprime le perse *kâma* « volonté, » et répond au chaldéen צבא, qui a la même signification; la lettre *ka* est expliquée par אֶרֵשׁ *írisu* « vouloir, » en chaldéen רשא, dont vient également l'hébreu רְשְׁיוֹן. La lettre est alors à expliquer par יֵאֹרֵשׁ *iris* « placuit. »

Nous aurons ce même verbe à l'iphteal dans cette même inscription, où « je prie Ormazd » est exprimé par אֶאְתְרֵשׁ.

Le passage allégué se trouve sur une tablette dont nous avons retrouvé et pu reconstruire les fragments, et qui est cotée *K.* 197 :

du uk ka | *i - ri - su.*

Les deux toutes petites lettres *du uk*, devant *ka*, qui est de la grandeur ordinaire des lettres de l'inscription, indiquent que le grand caractère a aussi la valeur de *duk*. Les renseignements fournis de cette manière sont quelquefois très-importants, et le même fait se reproduit bien souvent.

Nous transcrivons donc cette phrase ainsi :

לִבּוּ שַׁאֲנָכוּ צִבָא יֵאֹרֵשׁ

Les difficultés commencent maintenant à se multiplier; la phrase suivante deviendra claire, quant au sens; mais il restera encore quelque chose d'obscur.

[1] Je maintiens cette traduction raisonnable, donnée il y a longtemps, contre les objections de M. Rawlinson. — [2] On voit la précision babylonienne.

Les mots *yadipadiy maniyâhy* « si tu penses (ou dis à toi-même) ainsi, » ne deviennent intelligibles que par leur traduction babylonienne :

u kî takabbû umma.

La dernière expression, *umma*, nous fait savoir que le discours d'une personne est cité verbalement; ce que nous n'aurions pu apprendre par le texte perse seul. Quelqu'un prend donc la parole : examinons ce que le roi lui fait dire, bien que ce langage allégué soit encore le passage le plus difficile de ce document.

Le spectateur est censé dire :

Tya ciyakaram avâ dahyâva tya Dârayavus khsâyathiya adâraya,

dont le sens le plus raisonnable semble être :

Quomodo varium istæ provinciæ quas Darius rex occupabat.

Le mot *ciyakaram*, ou *ciyakarma* semble allié au sanscrit चित्र *citra* « varié. »

Le médo-scythique ne nous fournit aucun secours; les mots *appa havak* sont précisément la traduction de *tya ciyakaram*, et *havak* est loin d'expliquer ces mots. L'assyrien nous serait d'un plus grand secours, si nous pouvions le lire seulement, car l'idée est rendue d'une manière plus explicite dans le texte sémitique. Malheureusement le document lui-même est mutilé.

Le texte a, comme nous le lisons :

ka ' i ki tum sa a.

Tout dépend ici de la première lettre; le caractère *tum* également ne saurait être exact. Le *is* de l'exemplaire anglais est sûrement un ; peut-être le *tum* doit-il être un *il*, de sorte que le dernier mot serait *ikilsâ*, et viendrait d'un verbe קלש « diviser » à la 3ᵉ personne du féminin.

Pour le commencement, nous proposons :

au lieu de

ak - ka '.

Le mot restitué peut être comparé à la forme hébraïque אככה « comment; » de sorte que toute la phrase serait :

מַתָּה אֲנִית אַבָּא יְקַלְּשָׁא

Combien sont différents ces pays que le roi Darius gouvernait.

Le mot *adâraya* est rendu par *kullu*, et nous nous sommes déjà occupé de cette forme.

Darius reprend :

patikaram didiy
regarde l'image.

C'est ici que les deux textes, perse et assyrien, se complètent l'un l'autre.

Le sens de ►⟨ *nu*, ►⟨ ⟩⋘ au pluriel, est expliqué par *patikara*, ce qui veut dire « image ; » mais la traduction nous aide à reconstruire l'original *d-i-y didiy* en « vois, » parce que l'assyrien a *amur*[1], impératif de *amar* ou *namar* « voir, » que nous avons déjà lu dans l'inscription *E* de Persépolis. Plusieurs impératifs ont *a* au commencement; ainsi *alik* « va, » à Bisoutoun.

Le terme *patikaram* se dit צלם en assyrien comme en hébreu; au pluriel *ṣalmân*, comme nous le savons par l'inscription de Bisoutoun.

Nous devons prononcer :

ṣalmassunu amur
imagines eorum vide.

Le texte assyrien continue, et nous le faisons suivre, puisqu'il nous expliquera l'original :

sa kuśśû attua nasû
qui thronum meum portant.

Le perse porte les traces de la phrase suivante :

hya gâthum barañtiy.

Nous avons déjà interprété le mot *kuśśû*, écrit par des monogrammes *iṣ gu ṣa*, et nous avons dit que nous devions à l'archéologie la première explication de ce groupe, confirmée plus tard par la philologie. Quant au mot *gâthu*, nous avons fait observer que le mot moderne گاه a conservé les mêmes significations que le terme antique dont il dérive.

La lettre ⊢⟩⟨ est sûrement ⊨⟩⟨, et le mot *nasû* « portant, » perse *barañtiy*.

En effet, dans le bas-relief auquel cette inscription fait allusion, les peuples portent le trône du monarque.

La traduction continue :

in libbi tumaśissunut.

L'original présente les traces du verbe *khsnâçâh* « reconnaître, » et ce même verbe est rendu à Bisoutoun par le verbe *maśan*, לֹא יַמְסָנוּ « qu'ils ne reconnaissent pas. »

La forme *tumaśissunut* annonce, comme le perse, la 2e personne; mais le *n* radical a été assimilé au suffixe *sunut* : le sens est clairement « alors tu les connaîtras, » et le texte perse est à reconstituer ainsi : *khsnâçâhadis.*

Nous arrivons maintenant à un passage qui présente une anomalie assez singulière dans la traduction assyrienne et dans la scythique, et qui, pour cela, a créé à nos devanciers, à

[1] C'est *amur*, comme le donne Westergaard, et non pas *amuru*, que porte faussement l'édition anglaise.

sir Henry Rawlinson en particulier, comme à nous-même, des embarras dont nous ne nous étions pas tirés. Deux fois Darius adresse, dans le texte perse, une question au lecteur, et l'introduit par les mots :

adataiy azdâ bavâtiy
num tunc tibi ignorantia erit?.

Le mot *azdâ* se trouve également à Bisoutoun dans la phrase suivante :

Yathâ Kambuziya Bardiyam avâża kârahyâ azdâ abava tya Bardiya avażata.
Quum Cambyses Smerdim occidisset, pôpulo ignorantia fuit quod Smerdis occisus (esset).

Nous avons prouvé (*Inscriptions des Achéménides*, p. 44), que le mot *azdâ* est tout simplement le sanscrit अज्ञा *adjñâ* « ignorance. »

La traduction médo-scythique et l'assyrienne ont donné raison à notre interprétation; la première dit :

Śap Kanbuṣiya Pirdiya ir halpis dassumak inni turnas appa Pirdiya halpik.
Quum Cambyses Smerdim occidisset, populus non novit quod Smerdis occisus esset.

La traduction babylonienne dit :

[*Alla sa*] *Kambuziya idduku ana Barziya ana yuḳum ul migidi ša Barziya dīki.*
[Postquam] Cambyses occidisset Smerdim, populo non notitia fuit quod Smerdis occisus esset.

עַלָּא שֶׁכַּמְבֻזִיָא יְדַךְ אַן בַּרְזִיָא אַן יֻקֻם אָל מִגִד שֶׁבַּרְזִיָא דִיךְ :

Les traces du mot *migid* « connaissance, » en arabe مجد, sont très-visibles.

Dans notre passage cependant, le perse *azdâ bavâtiy* est rendu par le scythique *turnainti* « tu sais; » et également en assyrien il ne se trouve pas de négation, mais seulement le même verbe au niphal que nous lisons aussi à Bisoutoun. Le colonel Rawlinson a, pour cela, conclu que l'*a* privatif en *azdâ* était « a mere unmeaning prosthesis. »

C'est ce que je ne puis accorder à mon illustre confrère; l'*a* privatif a certainement une signification, et en a même une très-expresse. Il ne faut pas, toutefois, regarder seulement le mot *azdâ*, mais aussi *bavâtiy*. Si *azdâ* voulait dire, admettons-le pour un instant, « connaissance, » et non pas le contraire, comment faudrait-il dire en perse « alors tu auras connaissance? »

La réponse est simple.

Il faudrait *Adataiy azdâ bavatiy*, avec l'*a* bref, et non pas *bavâtiy*. *Bavâtiy* est le mode védique *lêt*, qui correspond, par la prolongation de la voyelle, au subjonctif en grec, et qui s'emploie, en perse, comme dans toutes les langues qui expriment ce mode, dans des interrogations conditionnelles, et surtout quand on attend une réponse négative. Le sens de la phrase de Darius est donc : « pourras-tu ignorer alors? »

Le besoin d'être clair, que les anciens Orientaux avaient aussi bien que nous, a porté les traducteurs anariens à changer la tournure de la phrase et à la formuler ainsi : « tu sauras alors. »

L'assyrien dit :

in yumu suva immagdakka
in tempore illo notum erit tibi.

Occupons-nous d'abord du verbe écrit *im-mag-da ak-ka*. Les valeurs de sont *nin* et *mak;* il n'y a que le dernier qui puisse trouver place ici. Nous aurons donc le niphal de *magad* « annoncer, proclamer, » le même mot que l'arabe مجد « gloire » et que l'hébreu מֶגֶד « insigne, chose précieuse. » Le mot *magad* est allié à l'hébreu, qui a une signification rapprochée de celle du terme assyrien.

La 3e personne du niphal est יִמָּגֵד *immagid*, et avec le suffixe de la 2e personne יִמָּגֶדְךָ.

L'expression *in yumu suva* ne peut pas faire de difficulté; elle a le sens de « alors, » littéralement « dans ce jour, » comme le grec moderne τώρα, le français « alors » et l'italien *allora*. On trouve fréquemment, dans les inscriptions de Ninive, cette locution, dont le dernier élément s'explique comme le pronom démonstratif en état emphatique. Nous pourrons donc comparer l'assyrien אִן יֹם שֻׁוָא, ou אִן יֹמָא שֻׁוָא à l'hébraïque si solennel וביום ההוא.

L'original perse continue :

Pârçahyâ martiyahyâ duraiy ar[sti]s paràgmatâ
Persici viri longinquo hasta attigit.

Voici le sens de la phrase : « Pourras-tu ignorer alors que la lance du guerrier perse alla loin ? »

Il n'y a qu'un mot d'imparfait, c'est le mot d'*ar. . . s*, où il y a place pour trois lettres, et on les supplée de l'inscription détachée de Nakch-i-Roustam, gravée sur la tête de Gobryas. Cet homme est qualifié, d'après la copie inexacte de M. Tasker, de *saraçtibara*, ce qui ne donne pas de sens. Mais le premier caractère, que le courageux voyageur auquel nous devons cette inscription a fait , est sûrement , et le mot est tout simplement *arçtibara*, δορυφόρος, le porteur de la lance du roi; ce qui était, on le sait, une haute dignité chez les Perses.

Maintenant, jetons les yeux sur la traduction assyrienne de cette petite inscription, et nous y trouvons les mots :

na - su - u. ma - ru u.

Le mot également mutilé, que notre inscription fournit pour *ar. . . s*, est :

aš - ma - ru.

C'est le même mot dans les deux inscriptions, et notre restauration de *arstis* peut être regardée comme tout à fait sûre. Nous écrivons *arstis* et non pas *arçtis*, à cause du sanscrit ऋष्टि *rshti* et du zend *arštis*, sans trancher cette question peu importante.

Ce mot *arstis*, que nous avons ainsi recouvré, semble se trouver aussi dans le nom d'Astyages (Ἀσϊυάγης, ou mieux, d'après Ctésias, Ἀσϊιύγης, ce qui serait *Arstiyuga* en perse, εὐμμελίης « combattant avec la lance[1] »).

Nous nous étions fait, au sujet du terme assyrien, les observations suivantes, dont nous avons reconnu l'inexactitude; nous jugeons cependant utile de les conserver ici.

Le mot babylonien signifiant « lance » est écrit *iṣ aśmar*, ce qui n'est pas sémitique; à moins de voir dans ce groupe de signes un monogramme complexe commençant par « bois. » Mais alors on aurait placé à la suite un seul signe et non plusieurs; ensuite les trois autres signes donnent une lecture bien sémitique, et le son phonétique ordinaire de *ru* pour est garanti par l'inscription détachée; on y lit *rū*. On n'avait qu'à changer en , et l'on obtenait le mot *maśmar*, d'une racine sémitique סמר, bien connue pour avoir le sens de « percer. » Nous savons que les mots מסמר et مسمار veulent dire « clou; » mais nous lui avions attribué la signification de « lance » en assyrien.

Nous avions donc cru pouvoir rétablir le texte assyrien ainsi qu'il suit :

sa avilu Parśai maśmarusu ruhuḳu illik
quod homo Persa cuspis ejus longe ibat.

Mais nous savons maintenant, par une inscription conservée au Louvre, que la même idée de « lance » se rend par les signes *iś aś mar*. *Aśmar* est donc un mot touranien[2], et l'idéogramme doit se prononcer en assyrien נזך *nizk*.

La lettre semble être , qui est nécessaire ici. Le mot « homme » se prononce en assyrien *avil*, de la racine אול « habiter, » voisine de אהל, et se trouvant dans les mots arabes ايالة « district » et اوايه « habitation. » L'idée de « humanité » se rend par אילות. Le signe veut aussi dire « homme, » mais seulement au pluriel; ensuite il serait complétement superflu ici, puisque pour « homme » deux termes suivent. Car le mot *Parśai* est précédé du signe « homme, » pour indiquer qu'un nom de peuple suit; et le même terme, *avilu Parśai*, est écrit aussi , où le premier monogramme exprime le son du mot « homme, » qui doit être prononcé, tandis que le second n'est qu'un signe déterminatif, précédant le terme *Parśai*.

La phrase ne présente pas d'autres difficultés; car la transcription de par *lik* ne peut plus être considérée comme en étant une; cette valeur est établie, et par la comparai-

[1] La racine *yudj* « jungere, » ζεύγνυμι, avait, en perse, la signification de « se joindre pour la bataille; » ainsi *yuñga*, d'où est venu le persan جنگ.

[2] Et cela est tellement vrai, que la restitution du texte médo-scythique, dans les deux passages, fournit la lecture *iśmarru* pour exprimer « lance. » Encore un exemple prouvant l'origine touranienne de l'écriture anarienne, qui a adopté le mot scythique avec le son assyrien.

son des inscriptions, et par les syllabaires, qui l'expliquent par *li-ik*. Le mot *illik* vient du verbe הלך « marcher, » dont beaucoup de formes se trouvent, et le redoublement du *l* est déterminé par la chute du *h*. Ainsi se forme l'iphteal de ce verbe אִתְּלַךְ, et l'iphteal אִתְּלַךְ, précisément comme les verbes arabes commençant en و ou ى redoublent le ت de la huitième conjugaison : par exemple اتّفاق, huitième forme de وفق.

La phrase suivante est restituée ainsi dans l'original :

Adataiy azdâ bavâtiy Pârça martiya duraiy hacâ Pârçâ hamaram patiyazatâ.
Num tunc tibi ignorantia erit : Persicus vir longe a Persia bellum repulit.

Ce n'est pas sans raison que le texte de l'original supprime deux fois la particule « que, » qui se trouve bien dans les versions; c'est pour rendre la phrase plus vive et plus directe. Les traductions étant rédigées dans un style moins insolite, ne pouvaient, au contraire, omettre la jonction des deux phrases.

Le texte assyrien porte :

In yumu suva immagdakka sa avilu Parsai ruhuku ultu matisu ṣaltav i[ti]bus.
In die illo notum tibi erit hominem Persam longe a patria bellum gessisse.

Le mot צַלְתָא *ṣaltav* « bataille » vient de אצל, en arabe وصل « arriver, se joindre, » précisément comme جنك vient de *yudj*; dans toutes les langues ces deux idées se touchent de près : nous rappelons les mots *Gemenge*, mêlée, rencontre, σύμμιξις, etc. La forme *ṣalta*, pour laquelle l'inscription de Bisoutoun a aussi souvent צִלְתָא *ṣilta*, est l'infinitif avec la *procope* de la première lettre; ainsi nous avons en assyrien מַרְתָא « la vue, » de אמר. La valeur de *sal*, attribuée à la lettre [cunéiforme], est bien constatée.

L'idée de « bataille, guerre, » n'est pas seulement exprimée par la racine אצל « être côte à côte, » d'où l'hébreu אצל « le côté, » mais aussi par la racine קבל « être devant; » deux idées qui se trouvent représentées par le monogramme [cunéiforme] (voy. Bisoutoun, l. 55), exprimant le perse *hamaranam*.

Le mot signifiant « guerre » de l'original, ainsi que nous en avions deviné le sens, est mutilé; rien n'en est visible que . . . . [cunéiforme]. Le texte assyrien nous fournit le moyen de combler la lacune, en nous autorisant à lire [cunéiforme] *hamaram*.

Le mot *Pârçâ* « Perse » est traduit par « son pays, *matisu*. » Le verbe *patiyazatâ* (qui est bien une 3e personne de l'imparfait de *pati-zan*, comme nous l'avons pensé, en sanscrit *prati-han* « *profligare*, éloigner ») est peut-être rendu par le verbe עבש à l'iphteal, יִתְּבֵשׁ; et ce serait ici une bonne restitution. Dans ce cas, le verbe רחק עבש « rendre lointain » correspondrait, pour le sens, au persan moderne دور كردن « éloigner. » Ou bien le sens de l'assyrien est « il fit la guerre loin de son pays, » ou bien il signifie simplement : « il éloigna de la Perse les malheurs de la guerre. » Cette dernière idée est, du reste, fort analogue à celle qui se trouve consignée dans d'autres passages, où le roi prie Ormazd d'épargner la guerre à sa patrie.

Nous aurions donc réussi à compléter et à expliquer le texte perse à l'aide des traductions; le voici :

Thâtiy Dârayavus khsâyathiya. Auramazdâ yathâ avaina imâm bumim yâtum.
Dicit Darius rex : Oromazes quum vidisset hanc terram superstitioni addictam,
paçâvadim manâ frâbara: mâm khsâyathiyam akunaus. adam khsâyathiya âmiy vasanâ Auramazdâha.
tunc eam mihi tradidit, me regem fecit. Ego rex sum ope Oromazis.
adamsim gâthavâ niyasâdayam tyasâm athaham akunava[ñ]tâ yathâ upâ mâm kâma âha.
Ego eam in integrum restitui. Quæ illis dicebam, faciebant perinde ac apud me voluntas erat.
yadipâdiy mâniyâhy. tya ciyakaram avâ dâhyâva tyâ Dârayavus khsâyathiya âdaraya. patikaram
Si ita cogitas : « quomodo varium istæ terræ quas Darius rex coercebat, » imaginem
didiy avaisâm tyaiy gâthum barañtiy. yâvâ khsnâçâhadis. adataiy azdâ bavâtiy Pârçahyâ
aspice eorum qui thronum portant, ut noveris eas. Num tunc tibi ignotum erit Persici
martiyahyâ duraiy arstis parâgmatâ. adataiy azdâ bavâtiy. Pârça martiya duraiy hacâ
viri in longinquum cuspidem iisse? Num tunc tibi ignotum erit Persicum virum longe a
Pârçâ hamaram patiyazatâ.
Persia bellum profligasse?

Voici la traduction française :

« Le roi Darius fait savoir : Quand Ormuzd vit que ce pays s'était adonné à des doctrines perverses, il me le confia, il me fit roi. J'en suis roi par la grâce d'Ormuzd. Je l'ai fait rentrer dans l'ordre. Ce que je lui ordonnais, il le faisait, comme c'était mon bon plaisir.

« Si tu penses ainsi : « Combien sont différentes les provinces que le roi Darius gouvernait, » regarde les images de ceux qui portent mon trône[1], et tu les connaîtras.

« Pourras-tu ignorer alors que la lance du soldat perse alla loin? pourras-tu ignorer alors que le soldat perse écarta la guerre loin de son pays? »

Le sens de la fin de l'inscription est clair, et il ne présente pas de difficultés. L'original poursuit :

Thâtiy Dârayavus khsâyathiya. aita tya kartam ava viçam vasanâ Auramazdâha akunavam.
Dicit Darius rex : quæ factum (est) id omne ope Oromazis feci.

L'assyrien a :

Dariyavus sarru ikabbi, agâ gabbi sa tum su in silli sa Ahurmazda' itibus.

La seule restitution à faire, ce serait de changer le *tum*, un peu effacé, que donne la copie britannique, en *ak*, qui paraît avoir été gravé sur le roc. Nous avons déjà vu que ce caractère est le monogramme signifiant « faire, » et le mot est à lire *ibussu* : mais la comparaison de ce passage avec l'inscription *D*, I. 15 (v. p. 155) pourrait s'opposer à ce changement.

[1] Telle est, en réalité, la représentation du bas-relief magnifique de Nakch-i-Roustam.

La phrase : *Auramazdâ maiy upaçtâm abara* « Oromazes opem mihi tulit » est partout exprimée par [cunéiforme] ; cela doit être un verbe avec le suffixe de la 1re personne, mais rendu au pluriel. On pourrait regarder [cunéiforme] comme un mot qui signifie « puissant, » en voyant en [cunéiforme] un monogramme signifiant « aide, » mais alors manquerait l'idée principale que c'est Darius qui fut assisté par le génie du bien.

Nous ne croyons pas que ce terme soit idéographique, et nous le supposons simplement syllabique. La difficulté réside dans la lecture de [cunéiforme], qui a les valeurs de *rim*, de *kil*, de *kir* et de *ḥap*. Mais aucune de ces prononciations ne saurait convenir ici, puisque nulle d'entre elles ne peut se placer convenablement entre *iṣ* et *dannu*, pour produire un verbe qu'exige le sens du passage, heureusement indubitable.

Nous devrons donc, pour trouver la valeur nouvelle, procéder par voie d'exclusion.

La syllabe devant être *ṣa X*, ou *śa X*, ou *za X*, nous avons à choisir entre *ṣat*, *ṣam*, *ṣan*, *ṣaḥ*, *śan*, et *zat*, *zam*, *zan*, *zaḥ*. Aucune de ces syllabes ne donne un sens convenable, sauf les deux *ṣam* et *ṣan*; alors nous obtenons *iṣṣamdannu*, יִצָּמְדָנוּ, le niphal de צמד, qui, en hébreu, veut dire « assister, s'allier[1]. »

Nous ne pourrions pas savoir encore au juste si [cunéiforme] a la valeur de *ṣam* ou de *ṣan*, parce que, dans le cas où une *m* radicale précède une lettre dentale ou une gutturale, on la change généralement en *n*. Mais la lettre [cunéiforme] représente sûrement *ṣam* et *zam*, parce que nous la trouvons dans un verbe écrit *liṣ-ṣam-mu-su*, לִצַּמְּמוּשׁוּ « qu'ils le confondent. »

C'est de la racine צמד que dérive aussi le mot *ṣindisu*, dans la prière de Sargon à Ninip, *sullima ṣindisu*, שַׁלְּמָא צִמְדִשׁוּ « préserve sa force. »

Le dieu Sandes des Babyloniens, identifié par les Grecs avec Hercule, n'est autre chose que le mot צִמְדָן « fort. » Mais il n'est pas sûr que cette appellation ait été le nom du dieu, ou seulement une qualification; nous inclinons vers cette dernière opinion.

Les mots suivants de l'original, *yâtâ kartam akunavam*, sont rendus par :

adi ili sa-agā ibus
donec illud fecissem.

Le groupe de particules, *adi ili sa*, עֲדֵי עֲלֵי שֶׁ-, veut dire « jusqu'à ce que, » et se lit souvent dans l'inscription de Bisoutoun; quelquefois il n'a que la signification de « grand, » par exemple, à Bisoutoun (l. 109):

adi ili sa Gumatav agasū Magus aduk
quum Gomatem Magum occiderem.

Darius continue :

Mâm Auramazdâ pâtuv hacâ çarânâ utamaiy vitham uta imâm dahyâum.

[1] La même forme, du reste, peut être expliquée comme un iphtaal de צמד, יִצַּמֵּד; mais qui, avec le suffixe, serait identique au niphal dans ce cas spécial, avec la signification de « fortifier. »

Ce qui est traduit par :

Anaku Ahurmazdâ lissur anni lapani mimma bísi u. ana bitya u ana matiya.
Me Oromazes protegat a quovis malo et domum meam et terram meam.

Nous avons ici deux mots nouveaux, *mimma bísi*. Le dernier, qui rend le perse *çaranam* « injure, » exprime, dans l'inscription de Bisoutoun, le mot *arika* « hostile. » C'est, du reste, un mot bien connu dans les langues sémitiques; le chaldaïque באש veut dire « mauvais, » le verbe בוש a plutôt les significations de « honte » et de « mauvaise odeur, » comme souvent le sens que les langues araméennes attachent à la racine est aussi celui que lui ont donné les Assyriens.

Quant à *mimma*, nous y voyons un pronom indéfini « quivis, quicumque. » *Mimma* semble être le neutre impersonnel de *manama*, le français « personne » quand il y a une négation, et les tables de Sardanapale l'expliquent par *mamman;* par exemple dans la phrase mutilée de Bisoutoun (l. 21), מַמַּן אַל יִשְׁלַם « personne n'osait, » où la négation se trouvait placée après: ensuite dans la locution souvent répétée de Nabuchodonosor :

sa manama śarru mahriya la ibus.
quæ ullus rex ante me non fecerat.

Ainsi, *mimma* est « quidvis, » et cette expression manque même dans les autres rédactions, car le scythique n'a que *vusnaka ikkamar* « a malo, » et nous avons besoin de ce passage de l'inscription de Nakch-i-Roustam, pour compléter celle d'Artaxerxès Mnémon, découverte à Suse.

Le reste ne présente plus de difficulté, et nous pouvons passer à la fin de l'inscription :

Aita adam Auramazdâm źadiyâmiy. aita maiy Auramazdâ dadâtuv.
Id ego Oromazem rogo, id mihi Oromazes donet.

L'assyrien a :

Agā anaku ana Ahurmazda' itiris Ahurmazda' liddinnu.
Id ego Oromazem rogo, Oromazes donet.

Nous avons déjà parlé plus haut des deux mots אֶאתְרִשׁ *itíris* et לִדְּנוּ *liddinnu*. L'un est la 1re personne de l'iphteal de ארש, l'autre, le précatif de l'iphtaal de רנת. La racine ארש, parente de la racine רשא « plaire, vouloir, » veut dire, dans la forme dérivée, « demander, prier. »

La grande inscription finit ici; mais au-dessous d'elle il y a une exhortation adressée aux hommes de suivre la religion de Zoroastre.

L'original persé est rédigé un peu autrement que les versions, par la raison même qu'il s'adressait aux adhérents du dualisme, et qu'il n'avait pas besoin d'être aussi explicite que la traduction assyrienne.

L'original dit :

Martiyâ hyâ Auramazdâha framânâ hauvataiy gaçtâ mâ thadaya pathim tyâm râçtam mâ
Homo! illa Oromazis doctrina ista tibi manifestata, ne contemne (eam)', viam rectam ne

avarada mâ çtrava.
delinque, ne obstrüe.

La traduction scythique est plus concise, elle peut être traduite ainsi :

Ruh irra appa Auramazdana tanum hubi anu vusnukka urmanti. VAR appa varturrakka anu vastainti anu anturtainti.

Homo, quæ Oromazis doctrina ne malam esse cogites : viam rectam ne delinquas, ne obstruas.

La version sémitique est tronquée, et il est impossible de la reconstituer en entier. Le commencement est clair, et confirme pleinement notre explication de *gaçtâ*, donnée il y a quelques années :

Avil sa Ahurmazdâ yuta' ama ilika la imarruṣ. . . ili sa. . .
Homo! quod Oromazes imperavit tibi, non malum erit. . . .

La fin semble être ainsi :

. . . . . *aña hablu tasuru.*
. . . . . ad destructionem eas.

Mais cela est très-peu sûr, à cause du mauvais état de l'inscription.

Nous sommes ainsi parvenu à expliquer la grande inscription, de sorte qu'il ne s'y présente maintenant presque aucune obscurité. En voici la transcription sémitique :

INSCRIPTION SÉPULCRALE DE NAKCH-I-ROUSTAM.

1 אלה אלהי רבו אהרמזדא ששמי וארצת יבנו 2 ונשי יבנו · שדמקא אן נשי ידנו · שאן 3 דריוש סה שסך סרי
מאדות יבנו : אנכו 4 דריוש סר רבו · סר סרי · סר מתת 5 שנבחר לשן גבי · סר עקר רחקתא רבתא 6 פל
ושתספא אחמנשי · פרסי פל 7 פרסי : דריוש סרא יקבי · אן צללי ש 8 אהרמזדא אנית מתת שאנכו אצבת · עלת
9 פרס · אנכו אן עלישן שלט אעבש ומנדתא אנכו 10 ינשן · שלפני אתוי יקבשן אן עבש 11 יעבשו · ודינת אתוי
כלו · מדי · עלמתא 12 פרתו · הריוא · בחתר · סגדא · חורזמא 13 זרנגא · ארחתא · סתגשא · גנדרא 14 הנדו ·
גמרי אמרגא · גמרי..... 15 .....בבלו · אשר · ערבא 16 מצר · ארשטא · כתפתכא · ספרדא · יון 17 גמרי שאחלוי
שמרתא · אסכדרא 18 יון שנת שמאגרת אן קדשן נשו · פותא 19 כושא · מצו · כרכא : דריוש סרא יקבי ·
20 אהרמזדא כי ימר מתת אנית שיקרא 21 אן לבא אחאי שמח · אפכי אנכו ירגשנת 22 ואנכו עלישן סרותא
יפתקדני · אנכו סר אן צללי 23 שאהרמזדא · אנכו אן אשרשן אלתשב שנת 24 ושאנכו אקבשנת יעבשא לבא
שאנכו צבא יארש : 25 וכי תקבו אמא · מתת אנית אכא יקלשא 26 שדריוש סרא כלו · צלמשן אמר שכפא אתוי
27 נשו · אן לבא תמסשנת · אן ימא שוא ימגדד 28 שאול פרסי נזכשו רחק ילך · אן ימא שוא 29 ימגרד שאול
פרסי רחק אלת מתשו צלתא 30 יעתבש : דריוש סרא יקבי · הנא גבי שאעבשו אן צללי 31 שאהרמזדא אעתבש ·
אהרמזדא יצמדנו 32 עדי עלי שהנא אעבש · אנכו אהרמזדא לצרני 33 לפני מםא ביש · ואן ביתי ואן מתי · הנא
אנכו 34 אן אהרמזדא אאתרש · אתרמזדא לרנו : 35 אול שאהרמזדא יתים אן עליך לא ימרץ 36 עלי......

INSCRIPTIONS DÉTACHÉES DE NAKCH-I-ROUSTAM.

Le grand monument taillé dans le roc, et destiné à renfermer les restes mortels de Darius fils d'Hystaspe, est orné d'un magnifique bas-relief représentant le roi entouré de ses serviteurs et des peuples soumis à sa domination. Nous devons à M. Tasker la connaissance d'un fait curieux : ce sont trois petites inscriptions trilingues, gravées au-dessus d'autant de figures et destinées à les faire connaître. Nous ne saurions croire que trois personnes seulement aient été jugées dignes d'un pareil honneur : Gobryas, Aspathines, et un Maxyen de Libye. Au contraire, il semble probable que, conformément à l'usage pratiqué à Bisoutoun, chacune des figures a été dénommée dans une inscription placée au-dessus d'elle. Un examen approfondi de ce monument, malheureusement très-peu accessible, serait du plus haut intérêt pour l'ethnologie antique, abstraction faite du secours qu'il prêterait à l'étude des inscriptions cunéiformes.

La première inscription, qui explique le portrait de Gobryas, est ainsi conçue :

Gaubruva Pâtisuvaris Dârayavahus khsâyathiyahyâ arçtibara.
Gobryas Patischorius Darii regis doryphorus.

En voici la traduction assyrienne :

Ku - bar - ra. Pi id - di is - hu - ri is. na - su u.
Gobryas Patischorius ferens

is ai - ma - ru u. Da a - ri ya - vus. sarri.
hastam Darii regis.

La traduction scythique, qui, évidemment, contient le mot touranien *ismarru*, est encore très-obscure; heureusement les textes perse et babylonien se complètent mutuellement.

Nous voyons d'abord que le mot *Pâtisuvaris*, aussi connu par les Grecs sous le nom de Πατισχορεῖς, désignait une peuplade, probablement une tribu; car il est précédé, en assyrien, du signe idéographique qui veut dire « homme. » Ce terme semble avoir été celui d'une confrérie (φρήτρη d'Hérodote), des *Pasargadiens*, comme celle des Achéménides. Nous remarquons que le babylonien a changé les voyelles de ce nom en *Piddishuris;* ce qui nous prouve, en outre, une fois de plus, que le *uva* des Perses avait une prononciation gutturale.

Nous nous sommes déjà expliqué sur la qualification de doryphore. La copie de M. Tasker porte *saraçtibara*, qui ne donne aucun sens; il faut *arçtibara*, le [signe] a été pris pour [signe]. La traduction du mot *arçtis*, dans la grande inscription de Nakch-i-Roustam, est [signes cunéiformes], et ainsi nous pouvons combler la lacune qui se trouve entre la première et la troisième lettre dans l'inscription détachée. Le mot composé *arçtibara* est exprimé par les deux mots *nasû iś aśmarû* « portant la lance, » et l'allongement de la dernière voyelle désigne l'état emphatique, puisqu'il s'agit d'une certaine arme, de la lance, signe de la royauté.

Ce Gobryas, fils de Mardonius, fut un des sept Pasargades qui tuèrent Gomatès le Mage; il fut père du célèbre Mardonius, le vaincu de Platée.

La seconde inscription se trouve au-dessus d'Aspathinès, noble Perse et porteur du carquois royal. Hérodote (III, LXX) le nomme parmi les sept conjurés, et c'est la seule erreur que l'historien ait commise dans ce récit; car Darius nomme à sa place Ardimanès, fils d'Ochus, qui nous est inconnu d'ailleurs. Nous croyons que la faute n'est pas ici du fait d'Hérodote, mais qu'il a accepté un renseignement erroné de quelque Perse qu'il avait consulté.

L'inscription perse est :

Açpac[i]nâ Dârayavahus khsâyathiyahyâ içuvâm dâcayamâ vathrabara.
Aspathines Darii regis . ... custos pharethrophorus (?).

La traduction babylonienne est malheureusement fruste :

[cunéiforme]
Aś - pa - si - na. a - ga. sa. Da a - ri - yo - vus. śarru......
Aspathinès ille quem Darius rex......

La forme babylonienne du nom nous démontre que la véritable prononciation en est *Açpacinâ;* le [cunéiforme] a été ou effacé ou oublié entre [cunéiforme] et [cunéiforme]. Le mot veut dire « collecteur de chevaux; » et cette syllabe *cinâ* se trouve encore aujourd'hui dans beaucoup de composés, ou persans ou hybrides, par exemple, عرقچین « ce qui rassemble la sueur, la calotte. »

Malheureusement la traduction babylonienne est très-incomplète, et même le texte perse est mal copié; aussi préférerais-je, au lieu du mot *dâçayamâ*, qui n'a aucun sens, lire *pâçayamâ :* la différence du [cunéiforme] *d* et du [cunéiforme] *p* ne consistant que dans les deux traits horizontaux. Alors je comparerais ce mot avec le persan پاسبان, qui a la même signification.

Quant à *içuvâm,* je ne le prends pas, avec le colonel Rawlinson, pour le génitif de *isu* « flèche; » ce serait *isunâm*, car le sanscrit est इषु *ishu* « flèche, » en grec, *ἰός*. On écrirait, en perse, non pas [cunéiforme], mais [cunéiforme]. Le mot y existait certainement, car le moderne شنگاه « carquois » est dérivé d'un ancien *isugâthu* « lieu des flèches. »

Le mot *vathrabara* n'est pas encore expliqué.

La troisième inscription est :

Iyam Maciyâ.
Hæc (tabula) Maxyes.

En babylonien :

[cunéiforme]
Ha - ga a. Maś - ai.

Il semble que la lettre [cuneiform], ou plutôt [cuneiform], a la valeur phonétique de *maś;* car, en scythique, elle exprime ce son.

Nous avons déjà émis l'opinion que cette nation était libyque, et que c'était celle qu'on trouve désignée dans Hérodote sous le nom des *Maxyes*.

CHAPITRE IV.

INSCRIPTION D'ARTAXERXÈS MNÉMON A SUSE.

Je dois la connaissance de cette inscription à l'obligeance de M. William Kenneth Loftus, qui l'a découverte dans les ruines de Suse; il en existe deux exemplaires, qui se complètent mutuellement. Elle est importante par les noms de personnes et de divinités qu'elle contient, pourtant très-difficile, parce que le texte perse n'est pas seulement excessivement fruste, mais qu'il présente des barbarismes évidents.

La partie mise entre crochets a été restituée par moi d'après la version médo-scythique.

Nous allons expliquer d'abord la traduction, qui est plus facile à comprendre que l'original.

I - ka ab - bi. Ar - tak - sat - śu. śarru. ra - bu, u. śarru. sa.
Dicit Artaxerxes, rex magnus, rex qui

śar. śarri. śar. sa. matāt. sa. i - na. ili. ak - kar.
rex regum, rex provinciarum quæ in superficie terræ

gab - bi. pal. śa. Da a - ri - ya - vus. śar. Da a - ri - ya -
universæ: filius. Darii regis, Da-

vus. śarri. palli. sa. Ar - tak - sat - śu. śarri. Ar - tak - sat - śu.
rii regis filii Artaxerxis regis, Artaxerxis

śarri. palli. sa. Hi - si ' ar - su. śarri. Hi - si ' ar - su.
regis filii Xerxis regis, Xerxis

śarri. palli. sa. Da a - ri - ya - vus. śarri. Da a - ri - ya -
regis filii Darii regis, Da-

vus. šarri. palli. sa. Us - ta - aś - bu. zir. A - ḫa - ma - ni -
rii regis filii Hystaspis, ex stirpe Achæmeni-

ni '. A - ga. sum. ap - pa - da an. Da - ri - ya. - vus.
darum. Istud nomine *APADANUM* Darius

abu. abhâni - ya. i - tí - bu. us. in. dur - ri. ul - lu u.
atavus meus fecit in ætate anteriore

in. pa - ni. Ar - tak - sat - šu. abu. abuya. ....
antea; Artaxerxes pater patris mei pæne (?)

us - ta ak. - ka al -šu. i - na. ṣilli. A - ḫu - ru -
finivit: in tutela Oro-

mu uz - du. A - na - h i - tu. u. Mi it - ri.
mazis Anaïtidis et Mithræ

a - na - ku. a - ga. sum. ap - pa - da an. i - bu us.
ego hoc nomine *APADANUM* perfeci.

A - ḫu - ru - mu uz - du. A - na - h i - tu '.
Oromazes Anaïtis

u. Mi it - ri. ana. anaku. li iṣ - ṣu - ru '.
et Mithras me protegant

in - ni. la - pa - ni. mi im - ma. bi i - ši. u. sa. anaku.
ab omni injuria et quæ ego

ibus. la. u - mo. aḫ - ḫi - ṣu. la. u - ḫa ab - ba -
feci; non infestarunt non vasta-

lu us.
runt ea.

La traduction scythique de cette inscription est complète; mais elle est si mal gravée, qu'elle n'est réellement presque d'aucun secours pour l'interprétation. Néanmoins, on peut restituer, guidé par ses renseignements, les parties du texte assyrien qui manquent, quoique la fin ne soit intelligible qu'à l'aide de la traduction sémitique.

Voici maintenant l'original perse, et je prends soin d'indiquer les solécismes au-dessous de la ligne. On remarquera que la désorganisation commence à s'emparer de la belle langue arienne. Cette inscription d'Artaxerxès II, à Suse, n'est guère plus irréprochable, sous ce rapport, que celle que son fils Ochus a laissée à Persépolis.

Thâtiya Artakhsathrâ khsâyathiya vazarka khsâyathiya khsâyathiyânam khsâyathiya dahyunâm
thra
Dicit Artaxerxes rex magnus, rex regum, rex provinciarum,

khsâyathiya ahyâyâ bumiyâ. Dârayavushyâ khsâyathiyahyâ puthra. Dârayavushyâ Artakhsathrâhyâ
Dârayavaus Dârayavaus thrahyâ
rex istius terræ, Darii regis filius, Darii Artaxerxis

khsâyathiyahyâ puthra. Artakhsathrâhyâ Khsayârcahyâ khsâyathiyahyâ puthra Khsayârcahyâ
puthrahyâ. thrahyâ Khsayârsâhâ puthrahyâ Khsayârsâhâ
regis filii, Artaxerxis Xerxis regis filii, Xerxis

Dârayavushyâ khsâyathiyahyâ puthra Dârayavushyâ Vistâçpahyâ puthra Hakhâmanisiya.
Dârayavaus puthrahyâ Dârayavaus puthrahyâ
Darii regis filii Darii Hystaspis filii Achæmenides.

Imam apadâna Dârayavus apanyâkama akunas abiya.......
Idam dânam niyâkamaiy naus
Hoc palatium Darius atavus meus fecit......

Il n'est rien resté de la fin de l'inscription que les *a* et les *u* du mot *akunavam;* les noms *Anahata* pour *Anahita*, et *Mithra*, et la fin du mot *apadânâ*.

Ce mot est un des termes nouveaux que contient ce texte. Il est précédé, dans le texte assyrien, du signe , שם «nom,» pour indiquer qu'il y a ici un mot étranger; nous avons vu la même chose dans l'inscription *D* de Xerxès (voy. p. 157), pour le mot *viçadâhyu*. Nous voyons que le mot אַפֶּדֶן, dans la Bible (*Dan.* xi, 45), est un terme indo-germanique, ainsi que plusieurs autres qui s'y trouvent, et qu'il ne dérive pas du sémitique פדן, mais d'un mot perse, *apadâna*[1] «retraite, tabernacle.» Un autre mot curieux, et que le scythique adopte sans le traduire, c'est *niyâka*, le zend *niyâko* «grand-père,» et son dérivé *apaniyâka*, quatrième ascendant; le troisième, l'aïeul, peut s'être dit *frañiyâka*.

Le texte assyrien ne présente pas de difficultés au commencement, mais les mots qui suivent *Darius* exigent une explication. Il y a : *in durri ullû in pani* «in ætate remota antea.»

[1] La collation du texte de Daniel avec le *Targum* chaldaïque de Jérémie, xliii, 10, où אפרן rend le mot hébreu שפריר «tabernacle royal,» pourrait expliquer le sens du mot perse. Le mot sémitique se retrouve à Ninive dans la forme שְׁפְרָא.

Le mot *durri* est écrit , mais on sait que le premier signe a, en dehors de *ku*, également la valeur de *dur;* il change avec *du ur* dans le nom de Nabuchodonosor. Le mot lui-même rappelle le mot hébreu דְּרוֹר « jubilé, » et, par conséquence, « liberté de l'esclavage. » Il y a aussi *dar* « la génération, » qui rappelle l'hébreu דור, l'araméen דר.

עלו *ullû* est « éloigné » en ascendant; ainsi, dans les inscriptions assyriennes, יְמֵי עְלוֹת s'échange avec יְמֵי רְחֹקוֹת « jours éloignés, » et la locution *in pani*, littéralement « dans la figure, » veut dire, comme l'hébreu לפני, « devant, avant. » Cette locution se trouve dans la phrase si commune des rois ninivites : « Mes pères qui marchaient au-devant de moi, » c'est-à-dire « qui vivaient avant moi, » et formulée ainsi : אֲבָהָנֵי הָלְכַת אַן פָּנַי.

La phrase suivante est :

Artaksatśu abu abiya isatum us takkalsu.

Cette phrase peut être expliquée par le scythique :

Irtaksassa nuyakkamimar irva luvaikka.
Artaxerxis avi mei a latere in eo instaurabatur (aliquid) (?).

La copie de M. Loftus porte deux fois *ta-ta ak-ka al-su*, ce qui ne donne aucune forme. J'ai changé le premier *ta* en *us;* je lis donc יִשְׁתַּכְּלְשׁוּ *ustakkalsu*, 3e pers. aor. de l'istaphal de נכל « achever, » forme subsidiaire de כלל. On trouve le paël de ce verbe dans les inscriptions de Sennachérib (Layard, pl. XXXVIII, l. 9, pl. LXIV, l. 46), où il dit, des rois ses prédécesseurs, qu'ils n'ont pas achevé la magnificence du palais de Ninive :

la. yu - nak - ki - lu. si - par - su.
non perfecerunt magnificentiam ejus.

Le mot peut être transcrit par *igartuv;* car a également la valeur de *gar*, et יגרת est un terme architectonique (conf. Inscr. de Londres, col. VII, s. f. *et passim*). J'interprète ce mot par « substructions. » Mais la traduction proposée de cette phrase-ci n'est, nous l'avouons, rien moins que certaine. Le mot cacherait-il le sens de « presque? »

La donnée la plus importante que fournit cette inscription est sans doute le nom de la déesse Anaïtis, en perse *Anahata*, en scythique *Nahiddanad*[1], en assyrien *Anahitû*. M. Norris

[1] Le commencement que M. Norris n'a pas reconnu, et qu'il a lu :

An am da na da,

est simplement :

Na - hi d.
Nahid.

Je suis maintenant porté à croire que le signe *ah*, du nom assyrien, est une faute pour , signe de l'hiatus, ou *h* simple.

a déjà allégué le passage connu de Clément d'Alexandrie, qui parle de l'institution du culte d'Anahid par Artaxerxès Mnémon, dans les villes de Babylone, Suse, Ecbatane, Persépolis, Bactra, Damas et Sardes.

La partie qui manque a été restaurée d'après le texte médo-scythique; je crois que le sens est «je l'ai restaurée de nouveau.»

La fin est, d'après notre restitution :

Anaku lișșu[ru inni la pani mimma bîsi u sa ibus la uma]ḫḫișu la uḫabbalus.

Cette restitution a sa raison d'être dans le texte médo-scythique ainsi conçu :

Ḫun nusgisni visnaḳa vartava var. kutta akka huttara annu hiyadu annu giyadu katakka in. . . . .
Me protegat malo omni ab et quæ feci non. . . . . non. . . . .

Le mot *uma]ḫḫișu* ne semble pas comporter d'autre restitution; le verbe מחץ, en assyrien, veut dire «infester,» et s'adapte parfaitement bien avec le paël de חבל, qui, ici comme en hébreu, veut dire «perdre, détruire.» Le suffixe est tronqué, comme quelquefois à la fin des mots : ainsi nous avons, à la fin de l'inscription des taureaux de Khorsabad, et לשישבושו *lisisibusu*, et *lisisubus*, comme par exemple, en araméen, on a également *abuna* et *abun*. Le verbe *ḫabal* se montre aussi ailleurs, dans le mot *ḫibilti* (revers des plaques de Khorsabad, l. 8) «endommagement, lézarde.»

Nous voici donc arrivé au point de pouvoir restituer le sens d'une inscription par l'assyrien seul.

INSCRIPTION D'ARTAXERXÈS MNÉMON À SUSE.

יקבי ארתכשתסא · סרא רבו · סרא ששר סרי · סר שמתת שאן עלי עקר גבי · פל שדריוש סרא · דריוש סרא פלא שארתכשתסא
סרא · ארתכשתסא סרא פלא שחשירשא סרא · חשירשא סרא פלא שדריוש סרא · דריוש סרא פלא שושתספא זרע
אחמנשי · הנא אפדן דריוש אבו אבהני יעתבש אן דרא עלא אן פני · ארתכשתסא אבו אבוני ינרתא ישתכלשו · אן צללי
אהרמזדא אנהיתא ומתרא אנכו הנא אפדן אעבש · אהרמזדא אנהיתא ומתרא אן אנכו לצרוני לפני ממא בישא ושאנכו
אעבשו לא ימחצו לא יחבלוש:

CHAPITRE V.

INSCRIPTION DE BISOUTOUN.

L'inscription la plus importante de toutes les inscriptions trilingues est, sans contredit, celle de Bisoutoun. Elle nous serait d'un secours beaucoup plus grand, si elle nous était parvenue dans un état analogue à celui des autres textes du même genre; mais malheureusement tout le côté gauche de ce texte est totalement détruit : de sorte que nous n'avons, de chaque ligne, que la seconde moitié, et même, à la fin du monument, cette moitié se réduit à quelques mots seulement.

Or c'est précisément dans cette partie perdue que se trouvent, d'ordinaire, les mots les plus importants, et ceux qui rendent les expressions les plus obscures du texte perse; et, si l'on en excepte les données précieuses que nous en tirons sur les noms propres, les éclaircissements grammaticaux et lexicologiques qu'elle nous fournit sont de moindre valeur que ceux qui se trouvent dans l'ensemble des autres documents.

Nous nous proposons de transcrire en caractères hébreux toute l'inscription, en la complétant autant que cela sera possible; mais nous devons nous borner à interpréter seulement les passages qui éclairent les points restés jusqu'ici sans explication.

Cette restriction sera d'autant plus nécessaire, que l'inscription contient beaucoup de répétitions que nous pouvons nous dispenser d'interpréter, pour aborder enfin le véritable but de nos investigations, les inscriptions babyloniennes[1].

Le protocole de l'inscription et la généalogie de Darius n'offrent pas de difficultés. Toutes les phrases commencent, comme partout, par les mots, « Le roi Darius fait savoir; » mais, après le mot סר, on lit les lettres *ki a am*. Nous avions cru d'abord que le mot signifiait « ainsi, » comparable à l'hébreu כה, qui se trouve précisément placé au commencement du livre d'Esdras, dans une phrase analogue à celle-ci : כה אמר כרש מלך פרס.

Nous savons que indique « terre, » et « eau; » quant à *am*, nous pourrions lui donner, il est vrai, la signification idéographique de « haut, » *rim*, à moins qu'on ne veuille le regarder comme complément phonétique. Nous penchions donc à proposer, pour ce complexe, la valeur de עָלַם « monde, » et cette identification nous paraissait d'autant plus plausible, que, comme on le sait, la soumission au roi de Perse était symbolisée par une offrande d'eau et de terre.

Néanmoins, cette dernière interprétation des trois lettres est erronée. Nous savons maintenant que le signe a aussi la valeur de *rub*, et le mot doit être lu רַבְּהָא *rubhâv* « seigneur. » On trouve souvent, dans les inscriptions babyloniennes, ce terme placé immédiatement après le titre de roi, dans les textes de Nabuchodonosor; on lit même *ru-ba-a av*, et cette tendance à exprimer le ה, difficilement rendu par l'écriture anarienne, a produit les variantes de *rub-a av* et de *ru-ba-a av*[2].

[1] On sait que sir Henri Rawlinson a publié le premier ce texte important, et qu'il a donné une analyse du commencement de cette inscription. Nous reconnaissons à ce premier essai d'interprétation le mérite de la priorité, tout en regrettant de ne pas pouvoir partager, presque sur tous les points philologiques, les opinions du savant anglais, qui, nous en sommes sûr, en aura, depuis, modifié lui-même un grand nombre. Nous citerons toujours les opinions que nous emprunterons à nos prédécesseurs, MM. Rawlinson et de Saulcy, dont le dernier seul a donné aussi une analyse des inscriptions de Persépolis.

[2] Comparez *Études assyriennes*, p. 184.

Le sens est « le roi, le seigneur. » Le terme *rubhâ* s'exprime par le monogramme , qui a aussi les valeurs syllabiques de *nun* et de *ḥan*, dont la dernière, *ḥan*, rappelle évidemment le *khan* des Touraniens.

Dans la ligne 3, le perse *hacâ paruviyata amâtâ âmahyâ* « depuis longtemps nous fûmes puissants » (littér. *infinis*) est rendu par une phrase mutilée, que M. Rawlinson a ainsi rendue :

inde a longo tempore principes nos.

ultu, pour lequel on lit également *istu*, d'après la loi phonétique qui change le *s* en *l*, et qui fait subir à la voyelle le changement en *u*, est allié à la particule éthiopienne *ust* « dans. »

La correction de *ultav* peut être juste; en ce cas, le mot provient de la même famille que *ullu*, dont nous avons parlé dans l'inscription de Suse.

Pour les deux lettres , qui, d'après l'observation de M. Rawlinson, peuvent n'avoir pas été correctement copiées, nous proposons « principes, » qui rend ailleurs le perse *fratâma* « les premiers. »

Il est à regretter que nous n'ayons pas le mot correspondant à « nous; » car les lettres *agani* ne sont pas sûres. C'est le seul passage qui nous eût appris quelle était la forme du pronom de la 1re personne au pluriel. Je lirais volontiers, avec un très-léger changement : *a-naḥ-ni*, transcrit אֲנַחְן, l'hébreu אֲנַחְנוּ.

La traduction de la phrase :

hacâ paruviyata hyâ âmâkham taumâ khsâyathiyâ âha.
inde a longo tempore nostra stirps reges erant

contient le suffixe de la 1re personne au pluriel en *uni*. Le monogramme « race, » que nous avons déjà expliqué, est , formé du scythique *nu-man*. Le terme assyrien est זרע, et le signe a la valeur syllabique de *zir*.

Les mots « étaient rois » sont traduits par *śarrisunu* « leurs rois, » c'est-à-dire « des peuples. »

La phrase assyrienne est :

אֻלְת עֻלְתָא זִרעוּן סַרִישְׁן :

Littéralement :

inde a longo tempore nostra stirps eorum reges.

L'idée de « huit de ma race ont été rois devant moi » est rendue ainsi :

VIII in lib zir'ya attûa in panatûa śarrutu itibsu.
VIII ex stirpe mea ante me imperium exercuerunt.

Les mots « le cœur, la face, » forment, en assyrien, une grande quantité de locutions prépositives. Nous avons, par exemple :

אִן לִב ex,
אַן לִב ob,
לִבוּשׁ־ sicut;

et parmi celles dérivées de *pani* figurent :

אִן פַּנַת, אִן פַּנִי ante,
לִפַּנִי coram, a.

Quant au sens de la phrase, il faut revenir sur une idée que nous avons émise, et que des études historiques nous permettent de modifier aujourd'hui. Nous maintenons encore notre opinion sur l'existence des deux branches de la maison d'Achéménès, ainsi disposées :

Achéménès.
|
Teïspès.

Cambyse.	Ariaramnès.
|	|
Cyrus.	Arsamès.
|	|
Cambyse.	Hystaspe.
	|
	Darius.

Mais nous devons dire que, des huit rois de la souche royale qui précédèrent Darius, trois seulement ont trouvé leur place dans ce tableau : Achéménès, Cyrus et Cambyse (II); les cinq autres rois sont nécessairement des ancêtres d'Achéménès, car ni Teïspès, ni Cambyse (I), ni Ariaramnès, ni Arsamès, ni Hystaspe, n'ont pu porter le titre de roi, et, quant à Hystaspe, son fils Darius lui-même ne le lui donne pas.

Voici, du reste, les raisons en faveur de cette opinion. Achéménès doit être le contemporain de Phraortès, roi des Mèdes, qui le premier soumit les Perses; les dates sont ici parfaitement coïncidantes. Le chef que le roi du Nord soumit fut, selon nous, Achéménès lui-même, et c'est pour cela que les rois de Perse se glorifient du titre d'Achéménides comme d'un titre de légitimité politique. C'est avec Cyrus seulement que cessa cet intérim d'usurpation et que l'ancienne famille royale rentra dans ses droits. Achéménès ne fut pas le fondateur d'une dynastie, mais le dernier régnant auquel s'attachèrent les anciens rois, précisément de même que les Sassanides prétendaient descendre du vaincu d'Arbèles.

Ces cinq générations ou les règnes des cinq rois qui précèdent Achéménès tombent entre la destruction du grand empire assyrien et la conquête des Mèdes, c'est-à-dire entre 788 et 650 avant J. C.

Il s'ensuit de là qu'il a dû exister un premier royaume perse, qui trouve sa place entre la chute de Sardanapale IV et la soumission de la Perse au Mède Phraortès.

Voici donc le véritable sens de la phrase :

« Nous nous appelons des Achéménides parce que nous descendons d'Achéménès; mais longtemps auparavant nous avons été incomparables, longtemps auparavant nous avons été rois. Huit ont été rois; j'en suis le neuvième. Nous avons été rois en deux séries. »

Le mot *duvitâtaranam* se prête même mieux à ce sens qu'à celui que nous lui avions donné d'abord, « en deux branches; » malheureusement, l'équivalent babylonien manque.

A la ligne 5, l'idée « je devins leur roi » est rendue par *sarrusunu attur*.

Le verbe תור exprime à Bisoutoun le perse *bu* « être, devenir. » En hébreu, la même racine veut dire « aller. » Cette transition d'une notion à l'autre est analogue à celle qui lie le perse *siyu* « aller » au persan شودن « devenir. »

Cette phrase précède immédiatement la nomenclature des provinces de l'empire perse, dans laquelle il n'y a absolument rien à remarquer, si ce n'est le nom indo-germanique qui se trouve en assyrien pour rendre le *Gandâra* du texte perse.

Ce mot est écrit *Paruparanisanna*, et est sûrement le nom identique à Paropanisus et à Paropamisus : et même le terme Paropamisades est expliqué par la terminaison de *nisanna*. La transcription du colonel Rawlinson porte *Paruparaïsanna;* mais j'avoue que *i* après *ra*, dans un nom propre, a quelque chose de très-insolite, et, puisqu'il n'y a pas d'exemple d'hiatus dans les quatre-vingt-dix noms propres des inscriptions trilingues, je ne doute pas un seul instant que la lettre ne soit une erreur de copiste, pour *ni*, de sorte que le nom de la Gandarie est *Paruparanisanna*. Le Nisanna supérieur, et peut-être le Paropamisus des Grecs, a sa raison d'être dans un superlatif, *Parupamanisanna*, le Nisanna suprême.

Mais cette dernière opinion n'est qu'une hypothèse : le point important, c'est qu'une traduction sémitique d'un texte arien nous donne la véritable forme antique de la patrie des Aryas.

Ligne 7, nous avons la traduction du perse :

imâ dâhyâva tyâ manâ patiyâisa
hæ terræ (sunt) quæ mihi adibant (i. e. erant).

En assyrien :

haganitav matāt sa anaku isiimma' inni
hæ terræ quæ mihi obediebant.

Le mot *isiimma* est très-difficile à expliquer grammaticalement : ce qui se donne presque de soi-même, c'est sa dérivation de שמע « écouter, obéir; » mais alors on devrait s'attendre à lire *ismaa*, car le paël *isimma* ne peut pas régulièrement avoir le sens d'obéir, mais de gouverner. Sous le point de vue linguistique, il serait plus conforme à la grammaire de le prendre pour un shaphel de עמם, et je m'y décide surtout à cause du *sí*, qui n'est pas le *si* ordinaire, mais qui indique un arrêt entre les deux voyelles.

La transcription de ce verbe serait alors ישעמאני « elles m'appartenaient. »

Plus loin, le perse

manâ bañdakâ âhañtâ
mihi servi erant

est traduit par les mots :

a – na. anaku. it – tu – ru – nu.

Quelque sûre que soit ici la signification du mot, la prononciation de ce groupe nous échappe encore; mais il faut espérer que nous finirons par la découvrir.

Quant à *itturun,* c'est le pluriel masculin mis au lieu du féminin; on substitue les habitants à la contrée.

Ligne 8, le mot *celui-ci* est rendu en assyrien par *sasu,* et s'emploie également au masculin et au féminin.

Le perse *añtar imâ dahyâva* « au milieu de ces provinces » est traduit par une locution exclusivement assyrienne : *in bibil matât haganít.*

Le mot *bibil* s'écrit , et la valeur du dernier signe a échappé à sir Henry Rawlinson, ce qui, du reste, est bien pardonnable. Il est identique à l'assyrien , et telle en est également la forme archaïque de Babylone. Nous ne connaissons, il est vrai, aucun équivalent sémitique de ce mot בִבל; mais nous pouvons le comparer à בלל « mêler, » de sorte qu'il rappellerait les formes araméennes en פלל, avec la signification de « mêler à. » Or *bibil* serait donc « dans la multitude, parmi. »

On pourrait aussi rapprocher *bibil* du chaldaïque *bal,* l'arabe بال « souci, cœur, » et, dans quelques inscriptions de Sargon, ce mot semble avoir pareille signification; par exemple, dans une phrase souvent répétée :

עלנו נגנא אן בבל לבי ער אעבש · חצר־סרגן אזכר נבאתסו ·

Le pluriel de ce mot semble être le mot *biblat;* il est employé dans l'acception concrète, d'où est dérivée sa valeur prépositionnelle.

Darius continue de parler des principes de son gouvernement, et sa manière d'agir envers les bons et les mauvais. Le mot *bon,* qui est en perse *agâtâ* (le grec ἀγαθός?) terme très-obscur, est rendu par le mot *pitkudu* פתקד, forme en פתעל bien souvent employée, et indiquant un nom d'agent et d'action. A la vérité, il ressemble à l'infinitif de l'iphteal. Nous avons ainsi פתלח « adorateur » et « adoration, » שתלט « dominateur, » et d'autres.

Le mot *pitkud* vient de פקד « avoir soin, administrer; » il veut donc dire « soigneux » ou « celui qu'on peut facilement administrer. » L'arbitraire qui règne dans l'association d'une idée à une autre, surtout chez les peuples sémitiques, ne permet pas toujours de la saisir avec sûreté. La dernière lettre de ce mot, d'après M. Rawlinson [cunéiforme], et qu'il abandonne comme mutilée, est sûrement un [cunéiforme] *du*.

La ligne 9 contient la phrase difficile en perse :

imâ dahyâva tyanâ manâ dâtâ apariyâya
illæ terræ mea lege tenebantur.

Le mot *apariyâya* (et non pas *apriyâya*, forme impossible dans les langues iraniennes, où il faudrait *afriyâya*) est très-difficile; c'est probablement un verbe dénominatif de *pari*. Le sens est clair, et, ce qui est singulier, le texte scythique traduit comme s'il y avait *afriyâya* « elle fut aimée. » Pourrait-on supposer une faute du lapicide dans ce passage? J'aime mieux attribuer cette coïncidence à une circonstance fortuite, car la version scythique porte : « Ma loi fut respectée dans ces pays. »

Le babylonien a

dinâtav attûa in bibil matât haganîtav usaśgu
leges meas in provinciis illis stabilivi.

Le mot [cunéiforme] *u-sa-aś-gu* a beaucoup embarrassé le colonel Rawlinson et moi-même; il est pourtant très-simple. Le verbe pourrait être pris pour une troisième personne d'un shaphel; mais la racine ne saurait jamais être *saśag* ou quelque chose d'analogue. Cependant, la grammaire s'oppose à ce que nous admettions une troisième personne, car alors la forme féminine ne serait pas *usaśgu*, mais *usaśga*.

C'est, au contraire, la première personne du shaphel de שגה, סגה « être grand. » Le hiphil en hébreu, comme le shaphel en assyrien, veut dire « faire grand, faire respecter. » Je n'ai pas besoin de rappeler au lecteur le mot chaldaïque שגיא « auguste » et le salut שְׁלָמְכוֹן יִשְׂגֵּא « que votre salut soit amplifié. » L'assyrien אֲשַׂגְּנוּ signifie simplement : « J'ai fait respecter, » et la traduction de la phrase est : « J'ai fait respecter mes lois dans ces pays. »

Nous avons, dans l'inscription de Bisoutoun, ce même verbe dans une phrase analogue (ligne 104) :

in dinâtav aśiggu
secundum leges imperavi.
אן דנָתָא אסגו

Le mot chaldaïque סְגַן « gouverneur » vient de la même racine.

Il n'y a rien à remarquer sur le paragraphe suivant, si ce n'est la traduction de la fin, *khsathram dârayâmiy* « je tiens la royauté, » et qui est fruste. *Anaku . . . nusu.*

L'unique lettre qui manque ne peut être qu'un *ak*, de sorte que nous aurions, pour *dârayâmiy*, la traduction *aknusu* אֲכְנֻשׁ, du verbe כנש, bien fréquent dans les inscriptions de

Ninive. Le verbe, d'abord, veut dire « agréger, réunir, arranger, » d'où le mot כַּנְשַׁת, que je traduis par « ordre, loi. » On lit souvent la phrase à Khorsabad :

מַתַת לָא מַגַר חַרְשָׁן לָא כַנְשַׁת אֲשַׁכְנִשׁ ·

des terres sans bonheur, des déserts sans ordre, je les ai fait administrer (réunir à mes provinces) (?).

Nous avons déjà parlé de *aganna* « ici » (ligne 12), expliqué par M. de Saulcy, et que nous avons rencontré dans l'inscription de Xerxès. La traduction du perse *hamamâtâ hamapitâ* « de la même mère, du même père, » est d'un grand intérêt. Une langue sémitique ne pouvait pas exprimer le mot composé; elle en fit une phrase ainsi conçue :

istin. — *abu - su - nu.* — *ihit.* — *ummu - su - nu.*

unus — pater eorum, — una — mater eorum (fuere).

Le féminin de , que nous avons déjà expliqué plus haut, est représenté par le signe , que nous savons, par un syllabaire (*K.* 46), être prononcé אחת. Quant au signe « mère, » qui semble également signifier « s'apitoyer, miséricorde » (comparez l'hébreu רחם), il est écrit phonétiquement *ummu;* c'est donc le mot commun à toutes les langues sémitiques.

Nous n'avons pas cru devoir nous arrêter au sujet du monogramme qui rend le mot « frère » , interprété par , *a-hu* et déjà expliqué.

La ligne 13 contient plusieurs phrases renfermant des mots nouveaux.

[*ki*] *Kambuziya idduku ana Barziya*

cum Cambyzes occidisset Smerdim

répond au perse *yathâ Kaṁbuźiya Bardiyam avâźa.* Le mot « tuer » est rendu par *idduk*, du verbe דוך « tuer. » MM. Rawlinson et de Saulcy ont assimilé le mot assyrien à la racine דקק « écraser, broyer. » Je ne puis pas m'associer à leur opinion, parce que le verbe « tuer » est toujours écrit avec des signes impliquant l'élément du כ, tandis que le verbe *dakak*, qui se trouve également en assyrien avec la même signification de « broyer, » a constamment conservé le ק. Mais il y a des racines sémitiques, דוך, דכך, דכא et הדך, qui expriment une idée bien analogue à דקק, il est vrai, mais pourtant plus rapprochée de la notion de « tuer. »

Cette racine דוך « tuer » se trouve d'abord en *kal*, avec le redoublement du *d* et sans ce phénomène qui se voit également dans la conjugaison des verbes de ce genre. On n'a pas encore expliqué la raison de ce renforcement de la consonne; mais nous pouvons peut-être en trouver la raison dans une particularité distinguant les racines *concaves*, non commençant par une dentale.

Dans presque tous les verbes, on forme l'aoriste par un *t* intercalé : ainsi de בוא vient יִתְבְּוֹא; de קום, יִתְקֹם; mais on ne lit jamais *ibbav* ou *ikkam.* Le redoublement de la première consonne radicale n'est donc pas comparable à ce qu'on observe en hébreu, et ידּךּ et יִתַּר sont mis pour יִתְהַר et יִתְדַךְ.

Ce mot n'est pas à considérer comme un *tiphal*, comme le veut M. Rawlinson; dans ce cas, on devrait rencontrer cette voix dans des verbes autres que les racines ע״י, ce qui n'est pas.

Le perse continue :

kârahyâ azdâ abava tya Bardiya avaźata
populo ignorantia erat quod Smerdis occisus esset.

Ce que le babylonien rend par :

ana uḳum ul migidi sa Barziya dîki
populo non notitia quod Smerdis occisus.

Le mot *kâra* « peuple, état, armée, » est rendu par le babylonien , dont la lecture offrait de grandes difficultés. Le colonel Rawlinson crut d'abord voir dans ce mot un monogramme complexe, quoiqu'il n'en présente pas l'apparence; il le lut ensuite *makhas* en le rapprochant de l'hébreu מעשה. Je ne crois pas que mon illustre collaborateur maintienne aujourd'hui cette dernière opinion, car il doit savoir que n'a pas seulement la valeur de *ḳu*, mais aussi celle de *ḳum*, et que représente également *yu*. Donc le terme est יְקֻם, et l'équivalent hébraïque יקם a juste la même signification indéterminée que peut revendiquer le perse *kâra*. Le mot veut dire littéralement « ce qui est, *status*, » le moderne *état* dans ses acceptions. L'arabe قوم, de la même racine, a également la signification de peuple.

Le mot rendant le perse *azdâ* est mutilé; mais nous pouvons restituer les signes

en

ul. mi - gi - di.
non notitia (erat).

Nous nous sommes déjà expliqué sur le mot *migid*, lors de notre explication de l'inscription de Nakch-i-Roustam.

Le mot דיך *dîki* est un participe de דוך avec une signification passive, comparable aux participes פָּעוּל, مفعول et פעיל. Nous voyons encore par cette forme que la racine n'est pas דכך, mais bien דוך. Comme דיך, nous avons פיל et כין allégués par sir Henry; deux autres termes, מית et ביש, n'appartiennent pas à cette catégorie.

Nous avons déjà expliqué plus haut la phrase de la ligne 14 :

upki yuḳum libbi bîsi ittazzil
postea populus in malum cecidit.

se lit *it-taz-zil*, et l'on doit, par conséquent, écarter les autres explications, de la justesse desquelles leurs auteurs semblent douter eux-mêmes; c'est tout simplement l'iphtaal de נזל « descendre. »

Le mot בִּישׁ *bis* exprime le perse *arika.*

La ligne 14 continue :

upki parṣātav in matāt lumadu imidu
postea mendacia in provinciis multum augebantur.

Le mot *parṣāt,* qui traduit le perse *drauga* « mensonge, » vient d'une racine *paraṣ* פרץ, qui veut dire « mentir » en assyrien. Cette signification n'appartient pas au même radical dans les autres langues sémitiques, et nous trouvons là un exemple de l'insuffisance que présente souvent la comparaison des mêmes mots dans les divers idiomes sémitiques. Du reste, nous rencontrons un grand nombre de formes de ce verbe dans l'inscription de Bisoutoun; ce sont : *ipruṣu,* יִפְרֻץ, 3ᵉ pers. du kal; *iparraṣ, uparraṣi, uparraṣu,* יְפַרֵּץ, 3ᵉ pers. du paël; *upturriṣ,* יִפְּתָרֵץ, 3ᵉ pers. de l'iphtaal.

Le perse *vaçiya abava* « devint nombreux » est rendu par *lu madu imidu* לְ מְאֹד יִמְאַד, de la racine מאד, que nous connaissons déjà. Le pluriel du féminin est accompagné du singulier au masculin; c'est une règle qui n'a rien d'étonnant dans les langues sémitiques.

Pour dire encore un mot du sens de la phrase, il faut remarquer que le mot « mensonge, » la chose la plus honteuse chez les Perses (Hér. I, CXXXVI), n'implique pas seulement la trahison, comme nous l'avions cru, mais l'adoption d'un autre culte; et c'est peut-être ainsi qu'Hérodote a mal compris les Perses, qui donnaient à leur mot *drauga* un sens plus étendu que les Hellènes à ψεῦδος.

La ligne 15 commence par le mot *itbā,* dont nous avons déjà parlé; il a la signification de « s'insurger, » et rend le perse *udapatatâ.*

J'ai déjà fait connaître que exprime « montagne, » que veut dire « nom; » il reste à noter une locution *ultu libbi* « de là, » qui rend le perse *hacâ avadasa.*

Les dates sont exprimées, en babylonien, plus simplement qu'en perse; on met d'abord « jour, » puis le nombre, suivi de , ce qui indique le nombre ordinal et le mois. Dans notre cas, c'est le douzième mois, , qui correspond au perse *Viyakhna.* Nous avons déjà dit que la prononciation du signe est *araḥ* ארח, l'hébreu ירח.

La répétition du perse « ce fut alors qu'il se révolta » est omise, et la traduction continue simplement par *su ana,* et puis la lacune survient.

Dans la ligne 16 nous avons la phrase :

upki ukum gabbi lapani Kambuziya ittikrū
postea populus omnis a Cambyse defecerunt (*sic*).

Il ne reste plus à expliquer que le mot *ittikru;* il veut dire « être rebelle » נכר, et correspond à l'arabe نكر « méconnaître, » de l'hébreu נכר « connaître. » Ce mot se rencontre souvent dans les inscriptions assyriennes. La forme *ittikru* יִתְּכְרוּ est le pluriel de la 3ᵉ personne de l'iphteal; le pluriel n'exige pas de justification. Le singulier correspondant est *ittikir* יִתְכַּר. D'autres formes sont :

Kal.	נַכְרִי	*nākiri*, participe «les ennemis.»
	נִכְרֻת	*nikrut*, participe «les ennemis.»
	תַּכִּר	*takkir*, 3ᵉ pers. fém. sing. de l'aoriste.
	יִכְּרָא	*ikkira*, 3ᵉ pers. fém. plur. de l'aoriste.
Paël.	יְנַכַּר	*unakkar*, 3ᵉ pers. masc. sing.
Iphtaal. . .	יִתַּכִּר	*uttakkir*, 3ᵉ pers. masc. sing.

Les mots perses qui suivent,

abiy avam asiyava
ad eum transire

sont traduits par

ana ilisu ittalkū.

Les prépositions *ana adi* et *ina* ne se lient pas directement avec les suffixes; on ne dit pas *anasu*, *adisu* ou *inasu*, mais on place la désinence après avoir ajouté *ili*, dont ces particules réclament, pour ainsi dire, les secours. Quelquefois *ana ili*, *ana ili*, s'emploient directement comme ces particules seules. Je suis indécis s'il faut transcrire עֲלֵי ou אֱלֵי.

Nous avons déjà indiqué la lecture de [cuneiform], יִתַּלְכוּ, et qui n'est pas *itriku'*, mais *ittalku'*; c'est le pluriel de *ittalak*, de l'iphtaal de הלך.

Le dernier mot de la phrase «il saisit l'empire» est *iṣṣabat* יִצַּבַּת, l'iphtaal de צבת; et le redoublement du צ a déjà fourni le sujet d'une explication.

Le sens que nous avons donné à la phrase perse *paçâva Kaṁbuziya uvâmarsiyus amariyatâ* «ensuite Cambyse mourut, en se blessant lui-même,» a été confirmé par la traduction assyrienne (ligne 17) :

upki Kambuziya mitu tura mannisu miti
postea Cambysi mors venit de semet ipso mortuus.

Le mot *tura* fait des difficultés; je suppose que c'est encore une forme isolée du parfait de חור qui s'est conservée dans quelques phrases : à moins qu'il ne faille simplement supposer l'oubli de la syllabe *it*, et lire *ittur*. *Mannisu* מִנְשׁוּ vient de la préposition מן, qui ne se trouve qu'avec le suffixe, et que nous ne rencontrons pas employée seule. Alors la même idée *de*, *a*, *inde a*, est exprimée par *ultu*, qui ne se lie pas non plus au suffixe toujours attaché à *man*.

La particule *min* a spécialement la valeur de l'instrumental[1].

La racine מית «mourir» n'a pas besoin de commentaire.

La traduction de la phrase : «Cet empire appartient, depuis des temps éloignés, à notre

[1] Il se pourrait que la lettre [cuneiform] *la* eût aussi la valeur de *min*; et nous ne serions pas ainsi embarrassé par l'emploi singulier du *l*, qui, dans les autres langues sémitiques, indique justement le contraire de *min*.

race,» est exprimée par les lettres assyriennes, peu certaines, selon M. Rawlinson, dans la première ligne, et d'après notre correction nécessaire :

Ligne 18 :

uktu. yum. rukuti. sa. at – tu – nu. u. sa. zir' – u – ni. si – i.
inde a die remota nostrum et stirpis nostræ illa.

On le voit, la traduction babylonienne est un peu plus développée que l'original; mais rien ne doit nous surprendre, car «race,» dans ce cas spécial, ne se rapporte pas seulement aux générations ascendantes, mais aussi aux descendantes.

Les éléments qui, réunis, ont la valeur *bū* peuvent s'échanger facilement avec le monogramme exprimant «éloigné,» ; ainsi nous trouvons, dans l'inscription de Sardanapale V (voy. Layard, pl. LXXXV, ligne 16, et pl. LXXXVI, ligne 18), les lettres

changées en

ru – ku – ti.

Nous avons déjà nous-même parlé de ce mot *rukuti*, adoucissement de la forme véritable רחקת.

Si le à la fin d'*attunu* est exact, et nous ne voyons aucune raison pour en douter, il ne peut pas se lier avec ce terme, mais il exprime la conjonction «et.»

Le pronom *sī* est le féminin, identique avec le היא de l'hébreu, qui s'emploie également dans ce sens à la fin de la phrase; nous avons déjà vu les pronoms *sunu* et *sū* employés dans ce sens, et nous verrons encore le féminin *sina*, ligne 100. *Anaku* et *anahni* (?) sont également mis pour le verbe substantif.

L'assyrien a constamment, pour «Gomatès le Mage,»

Gumātav agasū Magusu
Gomates, ille qui Magus.

La ligne 18 finit par

upki Gumātav agasū Magusu śarrūta ana...
postea Gomates ille qui Magus imperium...

La ligne 19 commençait ainsi :

Kambuziya ikkim
Cambysi abstulit.

Nous aurons encore plus tard *ana* construit avec les verbes « dérober, » etc.

Dans la même ligne 19, nous trouvons la fin de la traduction des mots perses : *ayaçtâ uvâipsiyam akutâ* « il agit selon son bon plaisir. »

Malheureusement on n'y lit que :

[cuneiform]

peut-être [cuneiform]

ana. ni ' ṣa - ti - su.
secundum consilia sua.

אן נִעְצָתִישו

Cette restitution donne le sens voulu et n'est pas forcée. Le mot *ni'ṣatisu* vient de יעץ « conseiller. »

La fin de la ligne ne fournit que les deux mots *manma yânu* de la phrase : « Il n'y avait personne. » Le mot *yânu* a déjà été comparé avec l'hébreu אין par sir Henry Rawlinson. Il est à regretter que nous n'ayons pas en entier ce membre de phrase, intéressant au point de vue de la syntaxe.

Le verbe « prendre » est rendu par *ikkimu*, d'une racine נקם ou נכם, ce qu'on ne saurait distinguer dans ce cas spécial. Je me décide pourtant pour נקם, parce que ce verbe, en hébreu et en arabe, implique l'idée de « venger, » et que cette idée a, surtout dans le sens sémitique, l'idée de revendication du sang versé.

La phrase est : [*sa ana*] *Gumatav agasû Magusu śarrûta ikkim* « qui revendiquerait l'empire de Gomatès le Mage. »

La phrase perse

kârasim hacâ darsata atarça
populus eum ob sævitiam timebat

correspond à celle du texte assyrien

ukum mâdu lapanisu ibtaniś
populus multum ab eo abhorrebat.

Le dernier mot seul est nouveau. Nous rendons [cuneiform] par *ibtaniś*; car [cuneiform] a la valeur de *niś*, surtout dans le nom du dieu Nisroch écrit [cuneiform] *Niś-ruk*. Le verbe en question est l'iphtaal de נכש, qui, en chaldaïque, renferme l'idée de « être en colère, » tandis qu'en arabe بنس se dit de toutes les affections morales. Ici, le verbe traduit le mot perse *atarça* « il craignait. »

Dans la ligne 21, nous avons toute la phrase où l'on cite les propres paroles de Gomatès :

... *kâram avâźaniyâ. Mâtyamâm khsnâçâñtiy hya adam naiy Bardiya âmiy hya Kuraus puthra.*
populum occidisset. Ne me cognoscant quod ego non Smerdis sum qui Cyri filius.

Le texte assyrien porte :

ukum idduk. umma. A[na]ma la umaśśanu sa la Bardiya . . . .
populum occidit, ita. Ne sciant quod non Smerdis ego . . .

La lettre qui manque entre *a* et *ma* ne saurait être que *na*, et le mot « afin que » est très-rationnellement אן מלא où אִנְמַלָּא.

Nous avons déjà expliqué le terme *umaśśanu* יְמַסְּנוּ, 3e personne du paël, quand nous avons pris en considération la traduction assyrienne de l'inscription de Nakch-i-Roustam, où le mot *khsnâçâhadis* est traduit par תַּמַסְשָׁנַת pour תַּמַסְנִשְׁנַת; c'est encore, comme nous l'avons déjà dit, une racine spécialement assyrienne, au moins dans cette signification[1].

Kasciy naiy adrasnaus
Nemo audebat

est traduit par

manma ul isallim.

Isallim est le paël de *salam* « perficere; » le même mot s'emploie au paël avec cette signification. Il faut remarquer que les Sémites n'ont pas d'expression indiquant spécialement l'idée de « oser; » toutes leurs locutions n'en donnent qu'une notion approchée, bien que distincte. Ainsi le perse *adrâsnaus* est ici exprimé par *isallim*, יְשַׁלֵּם « perfecit, » précisément comme l'allemand a la locution *übers Herz bringen*, *zu Stande bringen*, pour *wagen*.

Il est dommage que la ligne 21 finisse avec les mots *ma in ili*, de sorte que nous ne pouvons pas restaurer le commencement de la ligne 22, dont la partie conservée est malheureusement remplie de phrases souvent répétées.

Dans la phrase que nous reverrons encore, et qui rend le perse

utâ tyaisaiy fratamâ martiyâ anusiyâ âhañtâ
et qui ei primi homines asseclæ fuere,

u. ramani. sa. it — ti — su.
et principes qui cum eo,

je voudrais transcrire l'idéogramme par *ramani*, à cause de la ligne 42, où *mathista* « le plus grand » est rendu par *rabu in ramanisun* « le grand parmi leurs chefs. »

Le mot *raman* lui-même vient de la racine si connue רום, et se transcrira רמן; on le lit souvent dans les inscriptions de Ninive, dans cette même acception.

Si l'on veut décomposer le groupe, alors signifie « homme, » « fils » et « chef; » le complexe indique « les hommes qui sont les fils des chefs, les nobles. » On peut rapprocher ces formes combinées des mots orientaux modernes, tels que بكزاده, etc.

[1] Cette racine se retrouve vraisemblablement dans le lydien βάσανος « pierre de touche, » dont la véritable forme était selon nous מסן.

La transcription du nom de la ville de *Sikthachotis*, où Gomatès le Mage fut tué, est probablement :

Šik - tu u - va - ti.

La ligne 25 contient la traduction du perse :

yathâ paruvaṁmaciy avathâ adam akunavam
sicut ante me quidquid ita ego feci.

Les trois mots *yathâ paruvaṁmaciy avathâ* sont rendus par *ziz*, ce qui veut dire « de nouveau. » Le colonel Rawlinson l'a déjà comparé (sans en donner l'étymologie exacte) avec le mot assyrien *uṣiziz*, et nous pourrions alléguer le verbe *izzizu* et *izzuz;* pourtant nous ne connaissons aucune racine sémitique que l'on puisse produire ici, sauf עזז, qui a également, en assyrien, une signification analogue, celle de « renforcer. » Néanmoins les idées de restauration et de fortification sont bien rapprochées.

Dans la ligne 26, nous trouvons la traduction des mots :

âyadanâ tyâ Gaumâta hya Magus viyaka
templa quæ Gomates Magus eruerat (vel profanarat).

Le babylonien a

biti sa ilui sa Gumâtav agasū Magusu ibbulu
domus deorum quas Gomates qui Magus eruerat.

Nous voyons que la première interprétation de *âyadanâ*, par « temples, » était parfaitement exacte, car la traduction assyrienne le rend par « maisons des dieux. »

Un mot nouveau et intéressant, c'est l'équivalent du perse *viyaka*, de *vikan* « détruire, renverser, profaner. » Je crois que telle est également la signification du babylonien *abbulu*, אֲבַל, de נבל « profaner. » En hébreu, nous avons également נבלה « cadavre, » נבלה et נבלות « turpitude, » נָבָל « impie. » Sir Henry Rawlinson a déjà rapproché la locution employée si fréquemment par les rois assyriens, quand ils parlent de la destruction des villes : אַבַל אַגַּר[1] אַן גּוּרִי אַשְׂרֻף, que je traduis : « Je les ai profanées, ruinées, brûlées dans les flammes. »

Nous croyons que le perse *niyapârayam* « je restaurai » se rapporte à la consécration nouvelle de ces monuments.

Le commencement de la ligne 26 contenait des éclaircissements très-précieux sur plusieurs mots perses que nous ne pouvons pas expliquer[2], malgré leur parfait état de conservation. Il s'agit surtout des rites religieux que Gomatès le Mage avait interdits aux Perses.

[1] Le mot אַגַּר semble venir de נגר « ruiner, réduire en tas de pierres, » d'où, selon nous, est venu le chaldaïque יְגַר « tas de pierres. » — [2] Voyez la traduction, p. 244.

La traduction porte :

sa Gumātav agasū Magusu iki[mus]sunut
quos Gomates Magus abstulerat (eos).

Le verbe *ikimussunut*, car c'est ainsi qu'il doit être restitué, répond au perse *adinâ*, et déjà le colonel Rawlinson a noté l'anomalie que présente ici la présence du *k* simple au lieu du *k* double. Mais de semblables irrégularités ne sont pas assez rares dans ces inscriptions pour qu'elles puissent nous arrêter. Le fait que le même verbe *adinâ* est rendu par le babylonien *ikkim*, et qu'on trouve *inakkim* et *munakkim* provenant de la même racine, ne nous permet pas de doute sur la véritable forme de cette racine.

Reprenons le texte :

Adam kâram gâthavâ avâçtâyam Pârçamcâ Mâdamcâ utâ aniyâ dahyâva yathâ
Ego populum in integrum restitui Persiamque Mediamque et alias provincias

pâruvammaciy avathâ.
perinde ac ante me ita.

Cette dernière partie semble se lier avec ce qui précède, et non avec les mots qui suivent, et qui sont probablement indépendants :

Adam tya parâbartam patiyâbaram.
Ego quod erat ablatum retuli.

Cela devient évident par les mots assyriens de la ligne 26 :

Anaku ukum in asrisu ultakan ziz Parsu Madai.
Ego populum in loco vero collocavi iterum Persiam Mediam.

Ziz traduit les mots « perinde ac fuerat antea, » et les mots suivants, dont la traduction manque, donnent à eux seuls un sens bien suffisant.

Du reste, rien n'est difficile dans ce passage.

La fin de la ligne 27 donne la traduction du perse :

Adam hamatakhsiy yâtâ vitham tyam âmâkham gâthavâ avâçtâyam yathâ paruvammaciy avathâ.
Ego molitus sum donec domum nostram in integrum restituissem perinde ac antea.

Celle-ci est ainsi conçue :

Anaku uptikid adi ili sa bit attunu in asrisu [ultakan ziz].
Ego molitus sum donec domum nostram in loco collocassem denuo.

Le mot *hamatakhsiy* est rendu par אֶפְתְקֵד, iphtaal de פקד, *molire* « avoir soin, » et nous avons déjà lu la même forme, employée dans un sens analogue de « confier aux soins de quelqu'un, » dans l'inscription de Nakch-i-Roustam. Entre [cuneiform] *up* et [cuneiform] *ti*, il y a les traces de [cunéiforme] *na;* mais sir Henry Rawlinson a reconnu que ce caractère n'était que l'effet d'une erreur du lapicide, aussitôt reconnue et effacée par lui-même.

La fin de la ligne 28 contient la version de

Adam hamâtakhsiy vasanâ Auramazdâhâ yathâ Gaumâta hya Magus vitham tyam-âmâkham naiy parâbara.
Ego molitus sum ex auctoritate Oromazis perinde ac Gomates Magus domum nostram non abstulisset.

Elle est ainsi conçue :

Libbū sa Gumatav agasū Magusu bit attunu la issū.
Perinde ac Gomates ille qui Magus domum nostram non abstulisset.

En voici la traduction française : « Comme si Gomatès le Mage n'avait pas supplanté notre maison. »

Le mot *yathâ* veut dire « comme si, » ainsi que son représentant sémitique, que nous connaissons déjà par le texte de Nakch-i-Roustam. Le sens de la phrase est, malgré les observations contradictoires du savant anglais, tel que nous l'avions donné dans nos Inscriptions des Achéménides, page 81. La traduction que M. Rawlinson maintient, « afin que Gomatès ne supplantât pas notre maison, » n'est réellement pas fondée, car Gomatès était mort.

Le verbe *issu,* יִשּׁוּ, de נשה « enlever, » traduit le perse *parâbara.*

Le même mot *yathâ* indique également « après que, » dans la phrase traduite ligne 29 :

Yathâ adam Gaumâtam tyam Magum avâżanam.
Quum ego Gomatem Magum occidissem.

Elle se lit :

Alla sa anaku aduk ana Gumātav agasū Magusu.
Postquam ego occideram Gomatem illum qui Magus.

Le mot nouveau *allasa* semble se rapprocher de la racine עלה; et je le transcris pour cela עֲלָאשׁ.

La ligne 30 ne présente pas de difficulté. Le nom des Susiens est rendu par [cunéiforme], l'idéogramme du pays d'*Élam* avec le pluriel, ce qui est surprenant; il y faudrait [cunéiforme].

La ligne 31 contient le nom de *Nidintabel*, fils d'*Ainira.* Nous avons déjà expliqué le nom du révolté babylonien comme provenant de נְדִנְתָּא « don, » de sorte qu'il signifie « don de Bel. » Le nom de son père est, en babylonien, *Aniri,* et, chose singulière, ce nom est transcrit en perse *Ainira* et se prononçait en scythique *Ainaïra.* Il faut donc admettre que [cunéiforme] a eu, comme en scythique, un son se rapprochant de *aï* ou de *i*. Ceci devient évident par le composé 𒀀 𒀀, qui se prononce *aï* et *ya;* peut-être même ce nom propre commence-t-il par la diphthongue, et l'omission d'un 𒀀 n'est-elle que le résultat d'une erreur.

Il faut remarquer ici que le titre que se donnent les rois les plus antiques de la dynastie antérieure au XIXe siècle s'écrit «roi d'*Anir.*» Ce mot est certainement phonétique. Aurait-il laissé quelque trace dans ce nom d'*Aniri?* Je n'ose affirmer ce fait.

La suite contient la version des mots

kâram avathâ adurużiya.
populum ita rebellem fecit.

ana uḳum iparraṣ umma.
populum mentiri fecit ita.

Nous avons déjà expliqué *iparraṣ*, יְפָרֵץ, paël de פרץ, ayant la signification de «induire en erreur par un mensonge, rendre rebelle.»

Le mot *umma* «ainsi,» comparable au grec ὅτι, n'a rien à faire avec *kima*, כְּמָא «comme.»

La ligne 32 porte :

[*uḳum ana ili su*] *ittilak. Babilu ittikir sarrutu Babilu iṣṣabat.*
populus ad eum transiit, Babylon rebellis fuit, imperium Babylonis rapuit (Nidintabel).

Ligne 33 :

upki anaku ana Babilu allak va ana ili...
postea ego Babylonem ivi ad.....

La lettre 𒀀 après les verbes n'a d'autre signification que celle d'indiquer la fin des phrases.

La ligne 34 contient la traduction de la phrase perse :

Kâra hya Nadiñtabairahyâ Tigrâm adâraya avadâ aïstatâ utâ abis nâviyâ âha.
Exercitus Nidintabelis Tigridem tenebat; illic stabat et apud eum rates erant.

La version babylonienne se sépare notablement de l'original :

Uḳum sa Nidintabel in ili dikli usuzzû aba kullu Diglat mali.
Exercitus Nidintabelis in rates saliit; congregatim tenebant Tigridem omnino.

Le mot *nâviyâ* «vaisseau» est transcrit par *diḳli*, et c'est ainsi que j'aimerais à le compléter. Le mot araméen דקלא veut dire «palmier,» mais il s'agit ici de l'emploi de ces arbres pour construire les radeaux. Telle est encore l'habitude aujourd'hui dans ces pays. Du reste, je crois que le mot *nâviyâ* ne s'applique pas tant à de grands navires, dont quiconque a vu le pays reconnaîtra l'emploi inutile en ces lieux, qu'à des moyens de transport plus restreints. Cela nous explique pourquoi nous n'avons pas *nâva* «navires» dans le texte de l'original, ce que la traduction assyrienne n'aurait pas manqué de rendre par *tamḥar*, תַּמְחַר «navire.»

Le mot יְשַׁזִּז *usuzzû* est le shaphel du verbe נזז «sauter.» Le mot *aba* est écrit par des monogrammes, et se trouve expliqué dans un syllabaire où nous lisons :

a [i su] rib	mi - luv
a [ha si] ba	kis - sa - ti
a mat	ma du

Nous voyons que *A. BA* a la valeur de מְלוּ קִשַּׁת *miluv kissati* «complexus legionum;» il signifie alors «toute l'armée,» ce qui donne un sens très-plausible.

Mali est obscur; cela saurait difficilement être l'hébreu מלא, comme le veut M. Rawlinson; le groupe pourrait représenter un monogramme avec le complément phonétique.

Le nom du Tigre est exprimé par une suite de monogrammes :

Les deux premiers signes indiquent «le fleuve,» les trois autres rendent une autre idée, *X*, ainsi constituée que «fleuve de *X*» doive nécessairement être le Tigre. Il est vrai que les deux dernières lettres donnent *tiggar*, mais rend la chose très-difficile; car, quand même on voudrait lui prêter la valeur de *hid*, prononcer *Ḥittigar*, et le rapprocher de l'hébreu חדקל, on pourrait faire observer que ce n'est pas le nom assyrien du fleuve. Nous rencontrons celui-ci dans la ligne suivante, où il est écrit

Di ig - lat

et rappelle la forme actuelle دجلة; outre cela, on a un autre idéogramme écrit «fleuve des flèches[1].» Il n'est pas à présumer qu'on ait voulu prononcer le nom du même objet *Ḥittigar* dans la ligne 34, et *Diglat* dans la ligne 35; donc le premier est un groupe idéographique.

Le sens de la traduction babylonienne est donc : «L'armée de Nidintabel s'était rendue sur des radeaux; tout leur contingent couvrait le Tigre.»

La ligne 35, dont la première partie nous aurait beaucoup appris, si elle nous était parvenue, est malheureusement mutilée. Quoique l'original perse soit fruste, la traduction médo-scythique, qui l'est pareillement, jette pourtant encore assez de lumière sur l'ensemble de la phrase; et nous devons la laisser d'autant moins en dehors de notre explication,

[1] On sait que le nom perse du fleuve *Tigrâ* veut dire «flèche.»

que ce passage confirme d'une manière éclatante l'identité des deux écritures scythique et assyrienne.

Le perse présente :

Pâçava adam kâram ma[ra]kâuvâ avâkanam.
Tunc ego exercitum in partes dispertivi.

C'est ainsi, je crois, qu'il faut compléter et interpréter cette phrase. Le texte poursuit :

aniyam dasabârim akunavam aniyahyâ açpâ anayâma.
alteram camelis gestatam feci, alteri equos suppeditavi:

Le sens de *dasabârim* resterait obscur sans la traduction scythique de ce même passage, que je restitue ainsi[1] :

Vasni u tassumak vaskam[mas(?) va. . .]nuka appa (*BESTIA*) *A AB BA M*[2] *va apin*
Tunc ego exercitum in partes dispertivi alteram in camelis

ir battu[ba ap]pa (*BESTIA*) *KUR RA M ir biblubba.*
eam collocans, alteri equos suppeditans;

car les groupes scythiques

et

correspondent aux groupes babyloniens

et

le premier voulant dire «chameau[3],» et le second «cheval.» L'explication de ces monogrammes complexes de la version scythique n'est devenue possible que par l'étude des monuments assyriens qui correspondent à ces deux groupes; ceux-ci sont identiques dans les textes assyriens et arméniens. Nous restituons, pour cela, la version babylonienne de la ligne 35.

Ligne 34 : *upki anaku ukum*
postea ego exercitum.

Ligne 35 :

[*in halki uparrik. ana sanuti in gammali urakkib ana sanuti susi addin*] *Urimizdâ issamdannu*
in partes divisi, alteros in camelos ascendere jussi, alteris equos dedi. Oromazes opem tulit,

in silli sa Urimizda Diglat nitibir. Adduku. . . . .
in umbra Oromazis Tigridem transivimus. Occidi. . . . .

Le mot נִעְתַּבַּר *nitibir* est l'iphteal de עבר «franchir.»

[1] Voy. Norris, *Scythic version of the Behistun inscript.* l. c.

[2] *BESTIA* rend le monogramme animal; *M* le signe du monogramme.

[3] Il est expliqué par *gam-mal* «chameau.»

Ligne 36 :

yum 𒌓. 26 𒌋𒌋𒐊. *araḫ*. 9. *ṣiltav* *nitibus*[1].
die 26 mense 9 pugna debellavimus.

Le texte continue; après le protocole « le roi Darius dit : »

Upki anaku ana Babilu attalak. ana Babilu la kasadu in ir Zazannu sumsu sa Tik Purat.
Postea ego Babylonem ivi : Babylonem attingens in urbe Zazanna nominata quæ ad Euphratem.

Il y a plusieurs remarques à faire ici.

D'abord la pensée « quand j'approchais de Babylone » est exprimée par les mots *ana Babilu la kasadu;* il y a là un infinitif absolu qui est très-difficile à expliquer. Il ne paraît pas qu'il y ait ici le même principe que nous voyons dans la ligne 57, dans la phrase :

ana kasadi ana Madai
in itione contra Mediam,

parce que, suivant la syntaxe sémitique, on s'attendrait également à y trouver :

la kasadu ana Babilu.

Il y a ici une inversion dont on ne peut pas rendre aisément compte[2].

En ayant recours aux documents de Ninive et de Babylone, nous voyons souvent qu'un infinitif précédé de la négation *la* se trouve employé pour indiquer une apposition adjective; ainsi nous avons :

ḫisr Babilu la daḫi
murum Babylonis indelebilem,
חֲצַר בָּבְלוֹ לָא דָחֵי

āḫā la muṭā
scriptum immutabile,
אֲחָא לָא מְטָא

arrat la napsuri
maledictionem indestructibilem.
אָרַת לָא נַפְשֵׁר

et d'autres expressions encore, dont on pourrait facilement augmenter le nombre.

La kasadu pourrait être pris pour une apposition signifiant « à Babylone, » avec le sens *non adita* « avant d'arriver à Babylone. » Ce ne serait pas ici l'idée de l'impossibilité, de l'inaccessibilité, mais seulement celle du fait de la non-arrivée.

La ville de Zazanna était sur l'Euphrate; la phrase qui se rend en perse par *anuv Ufrâ-*

[1] Le neuvième mois, le *Athriyadiya* perse, est exprimé par l'idéogramme 𒌗𒀀, peut-être « mois des nuages. »

[2] Il faut remarquer, toutefois, que, ligne 45, on lit aussi : *ana Madaï ana kasadu.*

tauvá est traduite par *kisad Purat.* Dans ce passage, l'idée כשד *kisad*, de la même racine que celle que nous venons de rencontrer, est rendue par le seul signe [cuneiform] *tik.* On le voit souvent employé pour indiquer qu'une ville est située sur un fleuve ou près de la mer. Ainsi nous lisons, sur le caillou de Michaux, la ville de *Kar-Nabou kisad Mi-Kaldan,* «la ville de Kar-Nebo, située sur le fleuve de Mi-Kaldan.»

Le verbe כשד lui-même veut dire «venir;» dans l'assyrien de Ninive, כשד semble avoir signifié «prendre,» et n'a pas, que je sache, de représentant dans les autres langues sémitiques : l'arabe قصد est trop éloigné, sous le point de vue phonétique, pour que nous puissions penser à une parenté réelle.

Le nom de l'Euphrate est exprimé par l'idéogramme [cuneiform]. Les quatre derniers signes forment l'idéogramme de *Śipar*, de la ville de Sippara. Il paraît que [cuneiform] indique ici «soleil,» *kip-rat* indique «les points cardinaux,» et *ki* «ville;» de sorte que la ville de Sippara (τὰ τοῦ Ἡλίου Σίππαρα) n'est autre que «la ville des quatre régions du soleil;» quelquefois, elle est appelée *Śippar sa Samas* «Sippara Héliopolis.» (Tiglatpileser IV, chez Layard, pl. XVII, l. 4.) Mais, quand, devant ce groupe, on a placé le monogramme complexe indiquant «fleuve,» alors l'ensemble du groupe représente l'Euphrate, et l'on doit le prononcer *Purat;* car c'est ainsi qu'il est écrit phonétiquement. Le simple mot [cuneiform] «eau,» c'est-à-dire l'eau par excellence, sert quelquefois à désigner l'Euphrate; mais on ajoute généralement, comme complément phonétique, la syllabe *rat*, et on écrit le nom de l'Euphrate [cuneiform]; mais néanmoins [cuneiform] n'a pas la valeur de *Pu*.

La ligne 37 est fruste également, et elle ne présente pas de difficultés; malheureusement encore ici manquent les parties intéressantes. Le mot «bataille» y est écrit [cuneiform] *ṣalti.* Il est assez surprenant que, dans la traduction scythique comme dans la version babylonienne, le récit de la submersion, dans l'Euphrate, des troupes de Nidintabel se trouve à la fin de la phrase, tandis qu'en perse l'ordre est interverti.

La ligne 38 commence la traduction de la seconde table perse. Voyons l'original :

Paçâva Nadiñtabaira hadâ kamanaibis açbâraibis abiy Bâbirum asiyava paçâva adam Bâbirum
Tunc Nidintabel cum paucis equitibus Babylonem adiit; tunc ego Babylonem

asiyavam vasanâ Auramazdâha utâ Bâbirum agarbâyam paçâva avam Nadiñtabairam adam
adii ope Oromazis, et Babylonem cepi; tunc illum Nidintabel ego

Bâbirauvâ avâźanam.
Babylone occidi.

En babylonien, nous avons seulement :

Upki Nidintabel agasū in nisi iṣut iliya sa śuśi.
Postea Nidintabel ille cum viris paucis ascendentibus equos.

Jusqu'ici, nous avons tous traduit *kamanaibis* par «fidèle;» je n'admets plus cette traduction de ce mot et préfère lui comparer le persan كم «peu,» qui n'est pas superflu, comme «fidèle,» mais s'adapte très-bien au sens de toutes les phrases où figure ce groupe. C'est à ce mot *kamanaibis* que correspond le babylonien *iṣut* ou *iṣi*, que je rattache à la racine יצא «exire, deficere.» Il est à remarquer que les langues sémitiques n'ont pas de mot correspondant à l'idée de «peu;» car l'arabe قليل veut dire «trop peu,» littéralement «léger.» L'hébreu מתי מספר indique une tout autre idée: celle d'hommes qui peuvent être comptés. Nous proposons, en conséquence, de faire dériver l'assyrien *iṣi* de יצא, qui offre aussi l'idée de «manquer,» précisément comme l'allemand *ausgehen*, qui a les mêmes significations.

Le mot *iliya* est le pluriel du participe de עלה «qui montent,» et est mis pour *ilii*; ainsi nous avons, dans l'inscription du temple de Mylitta, *pari'ya* pour *pari'i*, פריא «giron maternel.» Le mot se transcrirait עליא.

Le commencement de la ligne 39 présente quelques lettres dont on ne peut rien tirer; la fin est:

Attalak in ṣilli Urimizda ir Babilu aṣṣabat u Nidintabel aṣṣabat. upki anaku in Babilu
Ivi in umbra Oromazis, Babylonem cepi, et Nidintabelum cepi; tunc ego Babylone

ana l. 40: [*Nidintabel adduk*].
Nidintabelum occidi.

Il n'y a rien de nouveau dans cette phrase, qui ne présente pas de difficultés.

La ligne 40 dit:

Adi ili sa anaku in Babilu atur annâtav matât ikkira inni Parśu Elamti Madai Assur.
Dum ego Babylone essem, illæ provinciæ defecerunt a me Persis, Elymaïs, Media, Assyria.

Il n'y a ici que le mot *ikkira inni* à annoter, יִכְּרָאנִי, 3e pers. fém. du verbe *nakar*.

Ligne 41:

Nisu Martiya sumsu pal sa Sinsiḫris in ir Kugunakku in Parśu aṣib sû in Elamti itbavva.
Homo Martius nominatus, filius Cincihris, in Cugunaka in Persia habitans, ille in Elymaïde surrexit.

Nous voyons, par la traduction, que le nom perse doit être prononcé, avec l'anusvâra, *Ciñcikhris*. Il ne paraît pas être perse, quoique le nom du fils le soit: c'est certainement parce que le fils d'un père touranien, demeurant en Perse, avait adopté un nom de ce dernier pays; mais ce nom même signifiant «homme,» et que nul Arien n'aurait porté, paraît n'avoir pu être adopté que par un personnage étranger à l'Arie.

Aṣib, אֹשֵׁב, est le participe de אשב «demeurer.»

Ligne 42:

Iṣṣabtu ana Martiya agasû sa in ilisun rabu in ramanisun iddukusu.
Prehenderunt Martium illum qui in iis maximus inter magnates, occiderunt eum.

Nous restituons [cuneiform]

en [cuneiform]

is - sab - tu ',

ce qui est exactement la traduction du perse *agarbâya.*

Dans la ligne 43, Phraortès dit aux Mèdes :

. . . . .*umma. Anaku Hasatritti zir' . sa Uvakistar upki ukum sa Madai mala in bit*
. . . . .ita : Ego Xathrites ex stirpe Cyaxares : tunc populus Mediæ quæ non in domibus

la panya l. 44 : [*ittikir*].
a me defecit.

Les mots *ukum sa Madai mala in bit* sont très-intéressants; ils désignent les Mèdes nomades, les Parétacènes (*paraitakâ* «nomades»), et les Strouchates (*catrauvatis* «qui demeurent dans les tentes»).

Le colonel Rawlinson, et moi après lui, avons restitué dans l'original, après *Mâda*, les mots *hya vithâmpatiy âha;* c'est là une erreur que nous fait reconnaître la version scythique, dans laquelle les mots assyriens sont interprétés par un mot précédé par un coin horizontal,

[cuneiform]
U - ur - man - nu.

et qui répond au perse *yadâ*, probablement «le désert, la plaine.» Ce mot se trouve plus tard dans la phrase des Perses révoltés, *hyâ vithâmpatiy hacâ yadâyâ fratarta*, et qui signifie «qui s'étaient tournés vers la ville en venant du désert.» C'est fondé sur ce passage, que M. Rawlinson a cru devoir compléter ainsi le texte perse; cependant la version scythique nous apprend que le mot qui fait lacune n'est pas *vith*, mais *yadâ*.

Le Mède révolté devait trouver un appui contre les Perses ariens surtout chez les peuplades qui n'appartenaient pas à cette race, chez les Médo-Scythes, dont nous entrevoyons ici l'importance réelle.

La syllabe *pan*, du mot *lapanya*, est écrite [cuneiform], comme dans l'inscription de Nakch-i-Roustam.

Ligne 44 :

Upki anaku ukum altapar ana Madai Uvidarna' sumsu nisu gallâ Parśai ana . . .
Tunc ego exercitum emisi ad Mediam Hydarnes nomine homo servus meus Persa . . .

Le mot *altapar*, אלתפר, est un iphteal de *sapar*, שפר, qui, en assyrien, a la signification de «envoyer;» il est mis pour *astapar*, d'après la loi phonétique que nous avons déjà signalée.

Quant au mot assyrien [cuneiform] *gal-la a*, on peut se demander s'il est réellement phonétique. Le mot, dans cette forme et avec cette signification, ne se trouve pas dans les langues sémitiques; il peut néanmoins fort bien être dérivé de גלה «conduire en captivité.»

Le mot *Parśai* n'a pas devant lui le déterminatif exprimant « homme, » qui se voit pourtant devant le mot *gallā*.

Ligne 45 :

Uvidarna' itti ukum ittalak ana Madai ana kasadu in ir Maru' sumsu sa Madai...
Hydarnes cum exercitu profectus est ad Mediam : in veniendo in urbe Maru nomine Mediæ...

L'inversion *ana Madai ana kasadu* serait réellement très-difficile à expliquer, si l'on ne construisait *ana Madai* avec le commencement de la phrase.

Ligne 46 :

In ṣilli Urimizda' ukum attua idduku ana nikrut hagasunu yum 27 sa arah 10 ṣiltav itibsú.
In umbra Oromazis exercitus meus occidit rebelles illos : die 27 mense 10° prælium fecimus.

Le dixième mois s'écrit [cuneiform], et correspond au perse *Anâmaka*.

Ligne 47 :

.... Kampadu (?) sa in Madai in libbi idaggalu paniya adi ili sa anaku allaku ana Madai.
.... Campada in Media : ibi expectarunt me. donec ego venissem in Mediam.

Nous avons déjà vu *in libbi* pour « là, » l'adverbe de lieu.

Le mot *idaggalu*, יְדַגְּלוּ, vient de דגל « attendre, *stare*, *manere*, » qui s'est encore conservé dans le mot hébreu דֶּגֶל « étendard, » dont on ne connaît pas la racine hébraïque. Il vient, comme le mot français, de la racine « attendre » (*Standard*, *Standarte*, en allemand, de *stand* « stare »). Cette racine *dagal* semble être différente pourtant de *takal* ou *tagal* dérivé de *vakal*, ayant la signification de « servir, adorer. » Ce verbe דגל se construit avec la préposition *pani*, littéralement « la face, ils attendirent mon visage. » Le reste du passage ne donne lieu à aucune remarque. Le nom *Kampadu*, la Cambadène, est mutilé.

Ligne 48 :

[Alik]ukum nikrutu sa la idammú inni dūkusunūtu.
Exercitum rebellium qui non obediunt mihi occide eos.

Nous avons ici la phrase, si souvent répétée « Va et défais les rebelles. » Il n'y a rien de nouveau, que le mot *idammu inni* « qui m'obéissent. » C'est le paël de רמה, littéralement « faire du silence pour quelqu'un, écouter quelqu'un. » Ainsi nous lisons *dimtā*, דִּמְתָא « la sujétion. »

Dūkusunūt (où le *nū* est prolongé, contre l'habitude) est l'impératif de *dūk*, דוּכְשׁנוּת.

Ligne 49 :

.....ana ipisu tahaṣa. Upki Dadarsu ṣaltuv ittisunu itibus in ir Zūzu sumsu ina Uraṣtu.
.....ad faciendum prælium. Tunc Dadarses pugnam cum iis fecit in urbe Zuza nomine in Armenia.

Le mot *tahaṣa* est, dans toutes les inscriptions assyriennes, employé dans le sens de « bataille; » il semble de la même famille que מְחַץ, et il se peut que *tahaṣ* se soit formé de *tamhaṣ*. Le verbe cité se trouve surtout dans l'iphtaal, sous la forme יִמְתַּחַץ « il combattit, » et *muntahṣi* (pour *mumtaḥṣi* et *mumtaḥḥiṣi*, d'après la règle déjà exposée) מֻמְתַחְצִי « les combattants; » le monogramme de « bataille » est .

Le mot *itti* est exprimé par *ki*, et nous savons que telle était l'expression signifiant « avec » en casdo-scythique; le signe se prononçait naturellement *itti* en assyrien, et, parce que *ittu* veut dire « temps, » la lettre est devenue, en assyrien, l'expression usitée pour « temps. »

Uraṣtu est l'Arménie, dans la forme babylonienne; les inscriptions ninivites donnent *Urarṭu*, Ararat.

Ligne 50 :

Nikrut ibḥuru numma ittalku ana ḥaṣṣi Dadarsu ana ipisu taḥaṣa. upki itibsu ṣaltuv.
Rebelles coière, una profecti sunt versus Dadarsem ob faciendum prælium : postea fecerunt pugnam.

Les deux mots perses *hagmatâ paraitâ* « ils se rassemblèrent, ils marchèrent » sont rendus par יִבְחֲרוּ נֻמָּא יִתַּלְכוּ *ibḥuru numma ittalku'*. Nous connaissons déjà le verbe בחר, par le mot *nabḥar* des inscriptions de Persépolis, comme signifiant « assemblage. » Quant à *numma*, nous n'avons aucun mot que nous puissions comparer avec ce terme dans les langues sémitiques; mais nous avons des analogies dans d'autres adverbes et conjonctions finissant en *ma*; par exemple, אֻמָּא *umma* « ainsi; » שַׁנַמָּא *sanamma* ou שַׁנֻמָּא *sanumma* « ailleurs; » כִּמַא *kima* « comme; » אַנַמָּא *anama* « afin que; » אַמָּא *amma* « aussi. » Il faut que *numma* ait le sens d'*ensemble*, et nous le transcrivons נֻמָּא. Ces adverbes, du reste, rappellent complétement ceux des Arabes, qui se forment en ما; par exemple, ربما, كلما, etc.

Le perse *patis* « devant, » en persan پیش, est rendu par l'assyrien *ana ḥaṣṣi* « in aspectum. » Cette racine חצץ *ḥaṣaṣ* n'est pas tant l'homonyme hébreu חצץ, mais plutôt le mot arabe خصّ « pertinere ad. » La phrase אַן חַצָּא *an ḥaṣṣi* veut dire d'abord « dans la relation, » ensuite elle a été prise dans un sens matériel, et a précisément l'acception de l'allemand *in dem Bereich*. L'idée est aussi représentée par le signe , qui a la valeur de *ḥuṣ*; ainsi, dans l'inscription de l'obélisque de Salmanassar III, on trouve la phrase אַן חַצִּי יִתְבַן « ils vinrent à ma rencontre. » Le même mot, avec la préposition *in*, veut dire « à l'égard, à cause de; » ainsi Nabuchodonosor dit, des murs dont il entoura Babylone, qu'il les a construits, אִן חַץ נַן תַחְצַא « ob defendendum bellum. »

Ligne 51 :

. . . . . . *ṣaltav. idduku in libbisunu 546 u balṭut uṣṣabbitu* *520. Upki in sanituv*
. . . . . prælium : occidit ex iis 546 et vivos prehendit 520. Postea vice tertia

nikrutu. . . . .
rebelles. . . . . .

Nous arrivons maintenant à un des passages dans lesquels la traduction assyrienne se distingue le plus de l'original persé. Tandis que ce dernier se contente de dire que tel capitaine a tué beaucoup d'ennemis dans une bataille, la version babylonienne, peut-être pour se conformer à un usage suivi par les rois d'Assyrie, donne le nombre précis des tués et des prisonniers. On ne peut se défendre du soupçon qu'il y ait eu beaucoup d'arbitraire dans ces relèvements; car on ne comprend pas pourquoi le roi perse aurait voulu faire un mystère de ces chiffres, généralement très-élevés, à ses sujets ariens. C'est encore une concession de plus faite aux sujets sémitiques, et peut-être aux dépens de la vérité même; mais rappelons-nous aussi qu'il était dans le génie sémitique de préciser, par des chiffres, les faits pour lesquels les Ariens se contentent d'indications vagues.

Dans la bataille de Tigra, en Arménie, Dadarsès tua cinq cent quarante-six ennemis et fit cinq cent vingt prisonniers. La première phrase est claire; la seconde pourtant demande des éclaircissements ultérieurs.

La phrase est conçue ordinairement : [cunéiforme], ce qui peut se transcrire par *u paltut ussabit* ou par *u baltut ussabit.* Dans la première supposition, le mot [cunéiforme] serait le pluriel du participe du verbe פלט «fuir,» et le mot voudrait dire «fugitif;» mais la seconde transcription est également admissible, quoiqu'elle nous conduise à une racine בלט qui, en assyrien seul, se trouve avec la signification de «vivre.» Nous connaissons un substantif בָּלָט, que nous avons traduit jusqu'ici par «souche,» et, en effet, il se peut que le terme ait eu cette signification; mais il me paraît maintenant certain que le verbe בָּלַט est souvent le verbe employé pour exprimer l'idée de vivre, en concurrence avec חיה qui, au surplus, dans un syllabaire assyrien, est employé pour expliquer le signe [cunéiforme] *din,* auquel, ordinairement, on attribue la valeur de *balaṭu.* Il se peut alors que la phrase que l'on rencontre si souvent, *balaṭu yum ruhuk ana sirikti surkav,* doive être traduite par «vitam ætatis remotæ concede,» et non pas «stirpem ætatis[1], etc.» Le nom de Saneballat ne serait pas alors «Sin semen dedit,» mais «Sin vivificat.» Quant à *uṣṣabit,* c'est l'iphtaal de צבת «prendre;» quelquefois on ajoute un signe [cunéiforme], qui peut être lu *nu,* mais est encore fort douteux; car le mot *uṣṣabbitun* ne répondrait à aucune forme, et il faudrait *uṣṣabitun,* c'est-à-dire le niphal.

La lettre [cunéiforme], qui, du reste, n'a pas, dans ces passages, la même forme qu'elle a ailleurs dans les inscriptions, peut être le signe indicatif d'un chiffre. La phrase s'écrit alors וּפַלְּטַת יִצְּבַת «et fugientes cepit,» ou וּבַלְּטַת יִצְּבַת «et vivos cepit.»

Un passage du prisme de Tiglatpileser I (col. VI, ligne 70 et suiv.) est ainsi conçu :

10 naḫiri puḫali dannuti ina mat Rasni au sidi Ḥabur lū aduk 4 naḫiri balṭuti
Decem apros mares ingentes in terra Resen et ripis Chaborræ occidi, quatuor apros vivos

lu usaṣbita ḳarnisunu urrisunu itti naḫiri balṭuti ana irya Ilassur ubla.
cepi, cornua eorum, pelles eorum, cum apris vivis ad urbem meam Elassar tuli.

עֲשָׂרַת נַחִרִי פֻּחָלִי דַּנַּת אִן רֶשֶׁן וּשְׂדֵי חָבֹר לוּ אַדֻךְ · אַרְבַּע נַחִרִי בַלְּטַת לוּ אֶשַׁצְבִּת · קַרְנֵישֻׁן עֻרֵישֻׁן אִתִּי נַחִרִי בַלְּטַת אַן עִרִי אֵלַאסֻר אֻבְלָא :

[1] *Études assyriennes*, p. 157.

Dans la phrase suivante, le perse *patiy thritiyam* «pour la troisième fois» est traduit par *in saniti salsi*. Nous devons ainsi prononcer le chiffre qui, dans ce passage, est écrit par un monogramme que nous ne nous rappelons pas avoir vu ailleurs. *Sanit* est allié de très-près à l'hébreu שנה et se transcrira en assyrien שָׁנַת.

Dans la ligne 52, il n'y a à noter que la date du 9 du mois *thâigarcis*, laquelle est exprimée par le 9 du même mois; le texte imprimé porte , et je ne vois d'équivalent possible que , idéogramme du 8e mois. (Voy. p. 92.)

Rien n'est à remarquer aux lignes 53 et 54; la ligne 55 pourtant demande quelques éclaircissements.

. . . *idduku in libbisunu 2024. In saniti nikrutav ibhuru numma illiku' ana hassi Umissi*
. . . occidit ex iis 2024. Vicè secunda rebelles coiere una profecti contra Omisem

ana ipis tahaṣa.
ad faciendum prælium.

Le mot perse *vaçiya* «beaucoup» est exprimé avec plus de précision par 2024. Le monogramme de «second» est le même signe , qui a également les valeurs phonétiques de *ras* et de *kaś*. Dans l'idiome scythique, *kaś* voulait dire «deux,» précisément comme encore aujourd'hui dans les langues touraniennes; en finnois, *kakshi*, en magyar, *ket*. Nous savons que avait également les valeurs de *dim* et d'eau; ainsi *Kaś dim* ne signifie que les deux fleuves, et c'est la traduction touranienne de Sennaar, שִׁנְעָר, ce qui veut dire la même chose en langue assyrienne.

Au lieu de l'iphtaal *ittalku*, nous lisons ici le kal *illiku*, et l'idée de bataille est rendue par le monogramme expliqué *tahaṣu* par les syllabaires comme par l'inscription même.

La ligne 56 ne présente pas de difficulté. Elle nous apprend que le mois de *thuravâhara*, le printemps, est rendu par le second mois «le mois du taureau,» d'après nous du 22 avril jusqu'au 22 mai approximativement. C'est à cette date que se livra la bataille d'Autiyârus, où deux mille quarante-cinq ennemis furent tués et quinze cent cinquante-neuf faits prisonniers.

La ligne 57 ne contient rien de remarquable, si ce n'est la phrase :

ana kasadi ana Madai
in eundo versus Mediam,

qui rend le perse

yathâ Mâdam parâraçam
quum Mediæ appropinquassem.

Nous trouvons dans la ligne 59 la phrase «avec peu de cavaliers» ou «avec quelques cavaliers fidèles :»

itti iṣi iliya sa śuśi utâma illik va
cum paucis equitibus illic profectus est.

Le mot que je transcris סוסי est exprimé par cet idéogramme-ci :

Ce groupe se retrouve en scythique et en arménien; j'ai adopté la transcription סוסי, car, sur l'obélisque de Nimroud, le rhinocéros est nommé *śuśu pirâti* «le cheval de *pirat*[1].»

Les trois signes , , , sont obscurs; ils rendent le perse *amutha* «là.» Je voudrais écrire *hama*, ce qui serait parent de l'hébreu הֵן.

La ligne 60 commence avec un mot écrit *mu tab ya*, qui rend le perse *duvarayâmaiy* «à ma porte, à mon palais.» Un mot babylonien autre que *babiya* בָּבִי serait *musabiya* מַשְׁבִּי «ma demeure;» mais le mot, dans l'état actuel, se lit *mutabya*, ce qui ne donne pas de sens, à moins qu'on ne veuille admettre que ait aussi la valeur de *sup*, ce que nous ne sommes pas en état de prouver. Le mot médo-scythique correspondant est *sip*.

La phrase continue :

ukum gabbi immarusu. upki in zakipi in ir Agamatanu altakansu
populus omnis vidit eum; postea in crucem in urbe Ecbatanis suffixi eum.

Nous connaissons déjà les verbes נמר et אמר «voir;» le perse a *haruvasim kâra avaina*.

La phrase suivante est ainsi conçue dans l'original :

paśâva adam Hagmatânaiy avadâsim uzmayâpatiy akunavam
tunc ego Ecbatanis illic eum in crucem suffixi.

Le mot *zakip*[2], pour lequel les inscriptions ninivites donnent plus correctement *zakipi* avec un , est tout à fait identique à l'araméen זקף, qui a exactement la même signification. Le mot veut dire, en hébreu, «ériger,» et ensuite «consoler;» on voit combien d'acceptions différentes peuvent se développer d'une même racine dans des langues congénères.

Les Assyriens disent, en général, «faire monter en croix;» ainsi Tiglatpileser IV dit : אן זקף אשעלי, littéralement : «en croix je le fis monter (voir p. 278).»

Dans la ligne 62, la leçon *Sitrantahma* confirme la prononciation *Cithrañtakhma*, avec l'anousvara, proposée par nous il y a longtemps à cause du grec *Tritantæchmes*.

La ligne 63 donne une rédaction un peu différente de celle de la ligne 60 :

ukum gabbi immarusu upki in ir Arba'il in zakipi askunsunu diki et baltu
populus omnis vidit eum, postea urbe Arbelis in crucem suffixi eos occisos et vivos.

La ville d'Arbèles doit se lire *Arba'il*, ou plus exactement *bit Arba'ili* בירת ארבע אלי «la maison des quatre dieux,» et ainsi s'explique le nom בית ארבאל d'Osée (chap. x, 14).

[1] Peut-être l'hippopotame, si *pirât* est le mot égyptien «fleuve.»

[2] Le mot perse est décidément *uzmâ*, et non *uztâ*; car c'est un *m*, et non pas un *t*. Ce n'est pas le zend *aêçma* «bois,» venant de इध् *idh* «allumer;» le mot perse dérive de उष् *ush* «brûler,» en latin «US, uro.»

Darius ne fit pas seulement attacher à une croix l'usurpateur Phraortès et les prisonniers, mais aussi les cadavres des morts. Il rapporte ce fait, qui ne se trouve pas dans le texte perse, comme une menace aux Babyloniens, exécutée plus tard.

Dans la ligne 64, il y a une phrase «ils se nommaient ceux de Phraortès;» malheureusement le mot assyrien est bien fruste. Nous ne saurions substituer, pour le verbe, que *iggabu* [cunéiforme], mais les traces qu'on voit sur la pierre indiquent un autre mot.

Le mot «habitant» est rendu par *asib* אֹשֵׁב.

La ligne 65 nous apprend que le signe [cunéiforme] a la valeur de *duk*, parce que *idduk* s'écrit [cunéiforme]. Il a, en assyrien, la forme [cunéiforme].

Ligne 66 :

upki ukum ana ili Ustaśpi iksudu Ustaśpi ukum suativ....
tunc exercitus versus Hystaspem ivit, Hystaspes exercitum illum.....

Nous avons ici la troisième personne יִכְשַׁר, de כשר.

Le mot *suativ*, pour lequel les inscriptions babyloniennes donnent *suatu* et des formes analogues, nous paraît étrange à cause de l'hiatus. La signification comme pronom démonstratif est assurée.

Dans la ligne 67, le mot «beaucoup» est rendu par «six mille cinq cent soixante morts et quatre mille cent quatre-vingt-deux prisonniers.» La phrase est *baltut ussabit*, et il est clair qu'il y a ici l'iphteal «il prit.»

Ligne 68 :

Mat Margu sumsu takkiranni va. Parada' sumsu.....
Provincia Margus nomine defecit a me, Phrades nomine.....

La forme *takkiranni* est la troisième personne au féminin de נכר avec le suffixe de la première personne, תִּנְכְּרַנִי. Le [cunéiforme] indique la fin de la phrase; c'est le signe de séparation.

Dans la ligne 70, le nombre des Margiens vaincus est fixé à quatre mille deux cent trois tués et six mille cinq cent soixante-deux prisonniers.

Ligne 71 :

.....[*Yutiya*] *sumsu in Parśu asib. sū itbavva in Parśu ikabbi ana ukum.*
..... Yutia nomine in Perside habitans ille surrexit in Perside, dixit populo.

Le mot *asib* est écrit *a-si ib*, d'où nous avons la preuve de la prononciation de [cunéiforme] comme *sib*.

Ligne 72 :

upki anaku ukum sa Parśu mi i at...
postea ego exercitum qui Persidem.......

Je ne puis expliquer les trois signes [cunéiforme]; d'après l'original, on devrait attendre [cuneiform] « et Mediam. » Mais je n'oserais faire cette restitution, car, si elle eût été possible, le colonel Rawlinson l'aurait proposée.

Dans la ligne 73, le nom perse d'*Artavardiya* est écrit *Artavarziya;* cela semble provenir de la forme zende, et non de la prononciation perse.

Il n'y a rien à noter depuis la ligne 74 jusqu'à 77.

La ligne 78 nous donne la forme *altabus*, l'istaphal de עבש, אֶלְתְעַבַּשׁ, laquelle est très-rare.

Ensuite nous lisons :

Uvizdāta agasū sa ikbū
Œosdates ille qui semet dixit.

Ikbū est le kal יִקְבוּ, de קבה.

Le passage de la ligne 79 est plus important que les lignes précédentes.

. . . . . *umma. Alka' va Uvivana' duka' u ana* . . . . .
. . . . . ita : Exite et Hyanem occidite et . . . .

Nous avons ici deux formes de l'impératif au pluriel, mais avec la désinence féminine חַלְכָא, דְכָא; elles se rapportent aux provinces révoltées, et non pas au peuple. Le pluriel du masculin serait הַלְכוּ et דְכוּ.

La ligne 82 nous donne le passage suivant :

Upki nisu agasu in libbi (?) *uḳum rabū sa Uvizdātuv ispuru.*
Postea homo ille in exercitu maximus quem Œosdates emiserat.

On remarque ici le verbe שפר « envoyer » au kal, et pour « le plus grand, » *mathista*, nous avons simplement *rabū*.

La ligne 83 contient encore des faits qui ne sont pas consignés dans l'original. La version assyrienne dit que le vainqueur Hyanès fit mettre en croix les tués et les prisonniers.

. . . . . . *uṣṣabbit idduksu u ramani sa ittisu idduksun. diku u balṭu sa uḳum* [*in zakip iskunsun*].
. . . . . cepit, occidit eum et principes qui erant cum eo occidit eos : occisos et captivos exercitus [in crucem suffixit].

Le mot [cuneiform] ne doit pas être transcrit *itkun*, comme le fait M. Rawlinson, mais *idduk;* et il serait probable que [cuneiform], ce qui correspond au [cuneiform] de la ligne 51, exprime l'idée de נָכָר « ennemi, » comme dans les inscriptions assyriennes.

La ligne 86 contient les mêmes impératifs au singulier.

. . . . . *altapar umma. Alik va dūku ana uḳum nikrūt*
. . . . emisi (dicens) ita : Exi et occide exercitum rebellium.

Nous avons déjà parlé de cette forme הִלְּךְ, qui, en tout cas, est plus régulière que le לֵךְ en hébreu.

Ligne 87 :

. . . . . ukum Babilu nikrut idduksun uṣṣabbit sunut ukum sa in libbisunu. . . . .
. . . . . populum Babylonis rebellem occidit eos, cepit eos populum qui inter eos. . . . .

Le nom de Babylone est écrit ici, comme à la ligne 89, ; je ne sais si la copie est exacte, mais cela pourrait être une faute pour .

La ligne 88, qui parle de la punition du Babylonien *Arakh*, est encore autrement rédigée que la traduction scythique, qui, pour ce passage, tient lieu du texte perse effacé :

. . . . . ubbutū. upki nitmi altakan umma. Arakhu u ramani. . . . .
. . . . . adducebantur, tunc decretum feci ita : Arachus et principes. . . . .

Le mot *ubbutū* est très-obscur; il semble rendre le scythique *rabba* signifiant « conduire, » et non pas « enchaîner, » comme l'a admis M. Norris dans son mémoire.

Il s'agit d'un décret dans lequel Darius s'introduit lui-même avec ses paroles; mais la partie de l'inscription où elles étaient rapportées se trouvait dans la partie effacée de la ligne 89.

La ligne 90 dit :

. . . . . 9 śarrisunu uṣṣabbit Gumātav sumsu Magusu. su' uptarris ikabbi umma
. . . . . 9 reges eorum cepi. Gomates nomine Magus : ille mentitus est dixit ita.

Le perse *adúruźiya* est traduit par *uptarriṣ*, 3ᵉ personne iphtaal de פרץ, יִפְתָּרֵץ.

Partout, comme à la ligne 91, le mot « il excita à la révolte » est traduit par *uttakkir*, la même forme de l'iphtaal de נכר, יִתְּכַּר, pour יִנְתְּכַּר.

Nous restituons ainsi la ligne 95 :

[Annut 9 śarri sa] iṣbatu' u idduku ukum attua in bibil [taḥaṣi].
Hi 9 reges quos ceperunt et occiderunt exercitus mei in pugnis.

La phrase perse dit seulement : « Ce sont les neuf rois que je pris dans les combats. »

La version assyrienne est mutilée; au lieu de

il faut lire : יִצְבְּתוּ,
iṣ - ba - tu '

et, au lieu de ,

il faut lire : יִדְכוּ.
id - du - ku '.

Le sujet au singulier est construit avec le verbe au pluriel.

Également mal copiée, la ligne 96 doit être lue ainsi :

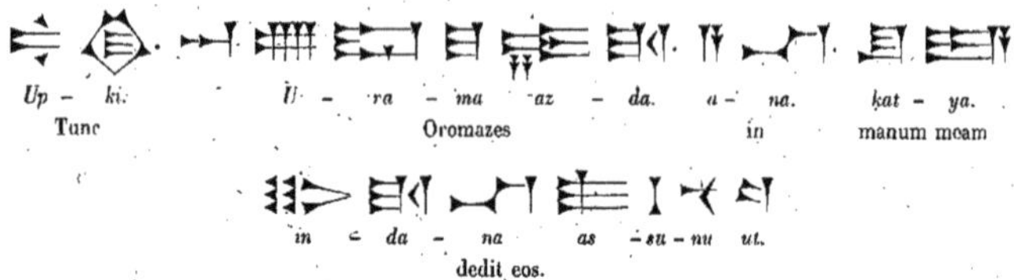

Le perse a

Paçâva divasis manâ daçtayâ akunaus.
Postea Deus eas in manum meam dedit.

Le mot *diva* est traduit par celui d'Ormuzd, pour ôter tout doute possible aux Babyloniens qui n'adoraient pas le bon principe de Zoroastre.

Au lieu du du texte publié, il faut lire .

Nous avons déjà parlé de la signification idéographique du signe , dont la forme archaïque rappelle l'image dont il dérive. Le mot se prononce en assyrien *kati* et le signe a la valeur de *kat.* Le mot *kat* « main » pourrait ne pas être d'origine sémitique, et il est possible qu'il soit pris des vaincus touraniens, car, dans les langues de l'Oural, il existe un mot qui lui ressemble assez. Néanmoins on pourrait faire venir le mot *kat* « main » de la racine sémitique חוּט, *prehendere, torquere.* En ce dernier cas, le touranien *kat* et le mot assyrien de même son ne seraient que l'effet d'une coïncidence singulière, mais fortuite.

Le lecteur connaît déjà (voir p. 177) le mot *indanassunut,* aoriste de נתן, sans élision du *n* initial.

Ligne 97 :

Nisu sa uparraṣi lu madu saalsu. ki tagabbû . . . . .
Homo qui mentitur multum inspice eum. Si cogitas . . . . .

En perse, on lit :

Martiya hya drauźana ahatiy avam ufraçtam parçâ . . . . .
Homo qui mendax est eum examinandum examina . . . . .

Nous avons démontré[1] que le perse *parç* ne pouvait être autre chose que le persan پرسیدن « interroger. » La version babylonienne nous donne raison, car elle traduit le verbe iranien par l'assyrien שאל, qui a, on le sait, la même signification en hébreu. Quant à *lumadu*, il ne nous est plus inconnu. (Voy. p. 207.)

La ligne 98 est une des plus difficiles; cependant, à raison du groupe complexe qu'elle donne, et qui veut dire « table, inscription, » elle est une des plus instructives de ce docu-

[1] *Inscriptions des Achéménides*, p. 36, 162.

ment. L'ordre de la phrase est interverti, de sorte que l'original ne saurait être d'un très-grand secours.

. . . . *taḥ - zu- u. sa. anaku. i - bu -su. sa - ṭa - ri. sa. in.*
. . . . vides : quæ ego feci, scriptum quod in

siṭir. lit - tak - ki - pa an - ni.[1]
tabula confirmet me.

Les mots *hamahyâyâ tharda* « dans toute l'année, toujours, » ne semblent pas être traduits. Les trois caractères, malheureusement très-mutilés, que je regrette de ne pas pouvoir mieux expliquer, ont l'apparence de

i - su u,

je les lis ainsi :

taḥ - zu u.
vides.

Le mot *saṭari* est déjà expliqué dans l'inscription de Van (voir p. 148).

Le groupe complexe exprime le perse *dipim;* il est expliqué dans un syllabaire assyrien par quatre mots différents, qui tous semblent avoir la signification de « table. » Le monogramme qui précède a le sens de « pierre » et est figuré à Ninive ; il a à lui seul le son de אַבְנָא « pierre. » Parmi ces quatre expressions se trouvent , *narû*, et , *siṭir*, et j'ai adopté la dernière de ces valeurs.

Quant au passage de la fin de la ligne, il est du petit nombre de ceux dont il faut encore ajourner l'interprétation. Pourtant, j'ai pensé à restituer la version assyrienne d'une manière hypothétique, et qui, au moins, ne présente pas de contre-sens.

On ne saurait trop déplorer la disparition des lignes suivantes, qui sont tout à fait frustes; les seules parties qui subsistent ne sont que les formules habituelles : « Le roi Darius fait savoir, » etc. Que devons-nous faire, par exemple, du seul mot qui se trouve à la fin de la phrase, ?

Ce mot, si la traduction est calquée sur l'original, doit être exactement celui de *hamahyâyâ tharda* « dans toute l'année. » Maintenant la lettre indique à elle seule « année, » et, par cette identification, l'explication de *tharda*, comme le سال persan, semble être définitivement établie. veut dire « jour » et probablement « heure, » de sorte que le perse *hamahyâyâ tharda* est exprimé par « an, jour, heure. »

[1] C'est ce que je propose pour , qui ne me donne pas de sens.

La ligne 100 finit une phrase très-obscure :

dibbu [*i*]*kabbi umma. parṣâtuv sina*
tabulam dicat ita : mendacia hæc[1].

Le sens de l'original a été méconnu par les autres interprètes; Darius assure qu'il n'avait pas écrit sur ces rochers tout ce qu'il avait fait, mais que, malgré cela, ce qu'il avait omis n'en serait pas moins vrai,

Le sens de la phrase assyrienne peut se rendre ainsi en latin :

Ne quis qui videbit hanc tabulam dicat ita : Mendacia hæc.

Nous n'avons que les mots à partir de *tabula*, qui est écrit ici *dippu*, qui est le mot perse *dipi*, le sanscrit लिपि, le talmudique דף, et qui semble s'être propagé jusqu'en Chine et en Mandchourie, comme je le sais par une communication de M. Schott. Il n'est pas certain que دفتر vienne de διφθέρα, ainsi qu'on le croit généralement; mais il se peut que ce terme doive aussi son origine au *dippu* assyrien et scythique.

Sina est le féminin correspondant à *parṣâtuv* « les mensonges. » On rencontre encore, dans la ligne suivante 101, le mot *dippu* :

atta ki dippi[2] *sa anaku ibusu u katibtuv* . . .
tu si tabulam quam ego feci et scripta . . .

Expliquons d'abord notre lecture.

Nous savons que la lettre [cunéiforme] *lu* a également la valeur *dip*, et peut-être même cette valeur de *dip* est-elle le son original; celui de *lu* pourrait être adopté ensuite, à cause du sémitique *luḥ*, לוח « table. » Ce qui est certain, c'est que la lettre correspondant au babylonien [cunéiforme] dans l'écriture scythique, [cunéiforme], n'a pas le son de *lu*, mais seulement celui de *dip* et *tip*. Dans la ligne 100, *dippi* est écrit [cunéiforme], et nous pouvons alléguer, pour cette assimilation du son à la lettre, les mots *tibbulti* « draps teints, » תִּבְלְתָא, toujours en connexion avec ארגמן et תכלתא « pourpre » et « violet. » En dehors de cela, nous lisons dans le syllabaire *K*. 62 :

[cunéiforme] *di ip* | [cunéiforme] | [cunéiforme] *di ip - pu.*

Donc nous voyons que la lettre *lu* a encore la valeur idéographique de « table, » et elle pourrait même être formée de l'image de la table. Une autre lettre ayant la même signification est [cunéiforme] ou [cunéiforme] *um*, qui a, à raison de la notion qu'elle représente, la valeur idéographique de *tip*. Cette lettre se trouve dans le dernier mot, copié ainsi par le colonel Rawlinson :

[cunéiforme]

mais qu'il faudra changer en : [cunéiforme]
ka - tib - tuv.

[1] Voyez la restitution en caractères sémitiques, qui n'est à cet endroit, qu'une simple hypothèse. — [2] Le dessin de M. Rawlinson donne *kippi*, mais le [cunéiforme] *ki* est sûrement une faute pour [cunéiforme] *di*.

C'est le mot chaldaïque כתבתא, avec cette même transcription כְּתָבְתָא «l'écrit.»

Ligne 102 :

. . . . *si ittī ka liriku' u ki kitbi annut tapiśśinu ana ukum* . . . . .
. . . . . tempora tua prolongentur et si tabulas has despicis, populo . . . . .

Le mot [cunéiforme] est l'hébreu עת, et le mot est exprimé idéographiquement par [cunéiforme], parce que *ki* indique, en casdo-scythique, «avec,» ce qui se dit *itti*, un son analogue à *ittuv* «le temps.»

Liriku' est le précatif de ארך «prolonger,» et rappelle la phrase למען יארכון ימיך, du quatrième commandement de Dieu. Il se pourrait même que le *it* dût être joint à *si*, qui commence la partie de la ligne conservée, de sorte que les lettres [cunéiforme] exprimeraient יָמֶיךָ, ce qui est non-seulement possible, mais même l'unique manière de rendre ce dernier mot par un monogramme; toutefois les caractères de la ligne 106 semblent s'opposer à cette dernière idée.

Le mot «table» est écrit [cunéiforme], et il n'est pas à lire *dibbi*, je pense, mais plutôt *kitbi*. Le signe [cunéiforme] seul rend «écriture,» et *bi* n'est que le complément phonétique pour indiquer que le mot doit se prononcer *kitbi*. On voit que c'est un pluriel masculin, à cause du pronom *annut* qui suit.

Le verbe *tapiśśinu* est un paël à la seconde personne de *paśan* «mépriser, passer sous silence;» nous devons le transcrire par תְּפַסֵּן. Le mot se rencontre quelquefois dans les inscriptions de Ninive, et nous savons que son représentant idéographique est [cunéiforme] *sit, lak, rit.*

La ligne 103 commençait probablement par *ul takabbassunut* «tu ne les promulgues pas.»

Dans la ligne 104, nous avons enfin un passage où l'assyrien seul nous est conservé intégralement; aussi sommes-nous réduit, pour l'interpréter, à nos propres forces. La phrase est :

. . . . . *ibusu ul anaku ul ziriya in dinātav aśiggu ana liktav u muski* . . . . .
. . . . feci nec ego nec stirps mea, secundum leges imperavi, usibus et juribus . . . . .

Les mots *in dinātav aśiggu* sont très-clairs; nous les avons déjà expliqués par «j'ai gouverné selon les lois,» le scythique correspondant est *batur ukku hupagit*, ce qui doit avoir la même signification. *Ukku* veut dire généralement «grand;» mais il doit aussi avoir la signification de «loi.» *Hupa* veut dire «premier,» le verbe est donc «être grand, dominer.»

Ce qui suit est d'une intelligence difficile, et il ne paraît pas que l'assyrien ait été la traduction littérale de l'original, bien que le sens de la traduction lui soit conforme. Nous ne la comprendrions pas si, heureusement, un syllabaire ne nous fournissait pas des lumières inattendues :

[cunéiforme]	[cunéiforme]
lik - tuv	*ma - suk - tuv.*

Ce syllabaire explique les objets tels que «pierre, table de pierre, loi.» Il est singulier que le premier mot de notre passage soit expliqué par le second, qui, à Bisoutoun, est *muski*[*ti*], tandis que, dans le syllabaire, c'est *masukti*. Comme les deux termes ont quelque analogie, nous pouvons admettre que ce sont là des expressions juridiques.

Liktav est לִכְתָּא «l'habitude,» l'hébreu הלכה de הלך «aller, la coutume,» dans le sens juridique, et probablement appliqué surtout au droit de propriété; car מַשְׁכְּתָא *masukti* et מְשְׁכְּתָא *muskiti* viennent l'un et l'autre de מְשַׁךְ, مسك, qui veut dire «prendre,» et, en hébreu, משך est «la propriété.» Le mot signifie donc probablement «droit[1].»

Le scythique correspondant est *aak innu ibbakra inni istukra appattuikkimmas.* Les mots *ibbakra* et *istukra* sont formés comme *titukra* «menteur;» ils semblent rendre les idées de «injuste» et de «violent.»

La phrase se transcrit ainsi avec son complément :

[פַּרְכָּא] אַל אֶעְבֵּשׁ · אַל אֲנַכוּ · אַל זַרְעִי · אַן דָנַת אַסְגוּ · אַן לִכְתָּא וּמַשְׁכְּתָא [אַל אַחְטָא ·]

«Je n'ai pas commis de violences, ni moi, ni ma race; j'ai gouverné selon les lois; je n'ai pas péché contre les coutumes et les droits.»

Je crois également que ce sens permet de reconstruire parfaitement les mots perses mutilés.

. . . . . *upariy abistâm upariy yamâm naiy skurim* [*akunavam*].
. . . . . super usum, super jus, non infractionem feci.

La fin de la ligne 105 a :

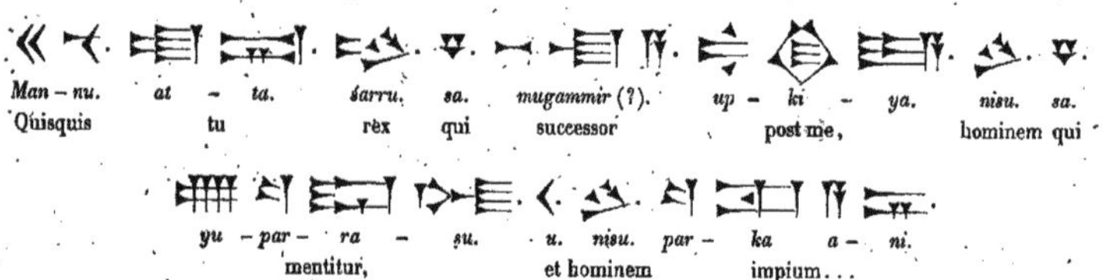

Le mot *mannu* a le sens d'un pronom indéfini que nous connaissons déjà; *mannu atta* est «toi qui que tu sois.» Le terme fait quelques difficultés; on pourrait le lire *badlā*, et il est équivalent à une expression rendant «successeur,» comparable au بدال arabe. Mais nous avons déjà fait remarquer que seul est expliqué par *gamru*, ce qui peut signifier «finir,» en dehors de «compléter, succéder.» Il est, du reste, possible que nous ne soyons pas encore complétement arrivé au vrai sens. La forme préférable dans notre passage pourra être *mugammir*, מְגַמֵּר, que nous trouvons dans le prisme de Tiglatpileser I (col. VI, 57).

[1] Les caractères cunéiformes pourraient aussi se lire *ṣir-ki-ti*, צִרְכַּת «nécessité, obligation.»

Le perse *drauźana* « menteur » est donné par *nisu sa yuparrasu* « homme qui ment; » le mot suivant, que le colonel Rawlinson écrit

par is a- ni,

forme impossible, doit être corrigé en :

par- ka a- ni,

et ce mot פַּרְכָן veut dire « impie, » comparable à l'hébreu פֶּרֶךְ. Nous connaissons de la même racine le mot מַפְרַךְ ὑβριστής, que l'on trouve dans les inscriptions de Nabuchodonosor[1]. D'après les principes de l'orthographe assyrienne, le son de *parisani* ne peut s'exprimer que par *pa-ri-sa-ni*, et nous ne faisons ici qu'introduire une modification toute naturelle.

Ligne 106 :

ki dippu suatav tammari u salmanu agannutu
si tabulam illam inspicis et imagines illas.

Il n'y a pas de difficultés; *tammari* תַּמַר est la seconde personne de l'aoriste de נמר « voir, » et rend le perse *vaindhy*. Le mot *salmān*, écrit [cunéiforme], est le pluriel de צלם « image. » La forme *an* est la terminaison d'un masculin pluriel; צַלְמָן correspond à *agannut*.

Ligne 107 :

[lirikū] ittūka u Uramazda' lurabbis
prolongentur tempora tua et Oromazes fortunet.

Lurabbis לְרַבִּשׁ est le précatif du paël de רבש, que nous avons déjà vu, et veut dire « bénir, » correspondant au perse *źadnautuv*, « qu'il bénisse. » Nous savons que telle est la véritable lecture au lieu de *danautuv*, qu'avaient donné les premières copies de sir Henry Rawlinson. Nous connaissons l'impératif du paël au féminin רַבְּשִׁי, et le participe au féminin מֻרַבִּשַׁת (Inscriptions de Sargon, *passim*).

Il manque à cette phrase « ce que tu feras. »

La ligne 108 est très-mutilée; il ne reste que trois mots pris dans la phrase, dont on ne peut dès lors saisir le sens.

Les deux derniers mots sont importants et clairs :

Uramazda lirur
Oromazes exsecret.

Lirur est לְאָרֵר, précatif de ארר « maudire, » et, comme en hébreu, nous trouvons ce mot souvent, par exemple, sur le caillou de Michaux, dans les mots : אָרַת לָא נַפְשַׁר לְאָרְרוּשׁוּ « Qu'ils les maudissent d'une malédiction sans relâche. »

[1] Voyez *Études assyriennes*, p. 32.

Le commencement de la partie conservée est ainsi copié :

[cuneiform signs]
na la mal rap ku.

Mais cela n'a aucun sens; le caractère [cuneiform sign] *mal* doit être [cuneiform sign] *ta*, comme la première lettre de la seconde personne d'un futur, et il faut lire probablement, en changeant quelques traits seulement :

[cuneiform signs]
la. ta – rab – bi is.
non conservas[1].

Le sens de la ligne 109 est très-facile :

[*niss agannût*] *ittiya iturū adi ili sa anaku ana Gumâti agasû*
homines isti cum me fuerunt quum ego Gomatem illum

Ligne 110 : [*Magusu adduk*]
Magum occiderem.

Il n'y a absolument rien à remarquer ici.

Les lignes suivantes contiennent les noms des conjurés.

Ligne 110 :

. . . . . *Uvisparū' Parśai Uvittana' sumsu pallu sa Śuḫrā Parśai*
(filius) Œosparis Persa, Otanes nomine filius Sochris Persa

Ligne 111 :

. . . . . *sumsu palla sa Za'tu' Parśai Ardimanis sumsu pallu sa Uvaḫḫu*
. . . . . nomine filius Dadyæ Persa, Ardimanis nomine filius Ochi.

Le nom du père de Mégabyze est nommé Zopyre par Hérodote; ici il est *Dâduhya*, « Dadyès, » et le nom est transcrit d'une manière peu rigoureuse; c'est le seul exemple parmi les quarante noms d'hommes que contient l'inscription de Bisoutoun. Du reste, le même nom se trouve aussi dans la Bible, où il s'écrit דוּא. La raison qui a fait adopter une sorte de traduction d'un nom propre nous est complétement inconnue; on ne saurait la chercher dans l'histoire de la prise de Babylone par Zopyre, personnage qui ne pouvait avoir un nom spécial chez les Babyloniens. D'ailleurs, si l'aventure racontée par Hérodote n'est pas controuvée, elle se rapporte à une époque postérieure à la rédaction du texte que nous avons sous les yeux.

Le nom du père d'Ardimanis est *Uvaḫḫu* « Ochus. » Au lieu de

[cuneiform signs] (?)

il faut lire :

[cuneiform signs]
U – va aḫ – ḫu.

[1] Ou bien *la tarabbi*, לֹא תַרְבִּי « non educabis (sc. liberos). »

Il est clair que la seule articulation possible après *ah*, est un *ḥ*; cela doit être *ḥu*, qu'on a pu confondre avec ; aussi le colonel Rawlinson fait-il accompagner ce dernier d'un point d'interrogation.

La traduction scythique a conservé en entier la prière adressée au successeur de Darius de protéger les hommes à l'aide desquels ce roi tua le Mage. La dernière ligne de la version assyrienne s'y rapporte : nous n'avons que les mots :

. . . . . *agannutu lu madu śuddid*
. . . . . illos multum eleva.

Śuddid est l'impératif régulier du paël de סדר, dans lequel je reconnais l'arabe شدّ « renforcer, élever; » il se transcrit סַדִּר, et rappelle les impératifs connus רַבִּשׁ, שַׁלִּם, et d'autres.

Voilà le texte assyrien de l'inscription de Bagastâna. Nous ne remarquerons pas que ce beau document fait défaut à nos investigations presque partout où son déchiffrement aurait dû prêter un puissant secours à celui des inscriptions de Babylone et de Ninive. Il nous fournit, il est vrai, encore beaucoup de mots, et nous en assure l'interprétation : il viendra quelquefois à notre aide dans l'examen des documents originaux; mais combien cette importance ne serait-elle pas plus grande, si nous le possédions dans son intégrité. Ce qui fait aujourd'hui sa valeur principale, ce sont les renseignements qu'il nous fournit sur des signes syllabiques : c'est là, après tout, la base de notre déchiffrement. Toutefois il ne faut pas oublier que l'inscription de Bisoutoun ne nous fournit pas autant de mots assyriens que l'ensemble des autres textes, quoique son contenu dépasse ceux-ci notablement en étendue.

Nous devions espérer, de la traduction assyrienne, de grands éclaircissements sur le calendrier perse, car nous avons dans les inscriptions de Ninive la suite des douze mois babyloniens; mais, malheureusement, des neuf noms que contiennent et l'original et la traduction scythique, cinq seulement (les 2e, 8e, 9e, 10e et 12e mois) sont conservés dans les fragments de la traduction; et encore, parmi ces cinq, ne trouve-t-on pas les mois de *Garmapada* et *Bâgayâdis*, qui nous auraient appris si la série des douze mois commence à l'équinoxe du printemps ou à celui d'automne. Mais l'inscription elle-même rend très-probable cette suite, qui est presque la même que nous avions déjà donnée[1] avant de connaître les points de repère qui nous sont offerts par la traduction assyrienne :

1er mois. . . mars-avril. . . . . *Bâgayâdis* (sacrifice aux dieux).
2e . . . . . . avril-mai. . . . . *Thuravâhara* (printemps).
3e . . . . . . mai-juin.
4e . . . . . . juin-juillet. . . . . *Adukanna* (?).
5e . . . . . . juillet-août. . . . . *Garmapada* (mois de la chaleur).
6e . . . . . . août-septembre.
7e . . . . . . septembre-octobre.
8e . . . . . . octobre-novembre. . . *Thâïgarcis*.

[1] Voyez p. 91; *Inscriptions des Achéménides*, p. 52, et *Études assyriennes*, p. 135.

9ᵉ mois... novembre-décembre... *Athriyâdiya* (sacrifice au feu).
10ᵉ .... décembre-janvier..... *Anâmaka* (sans nom).
11ᵉ .... janvier-février....... *Varkazana* (mort aux loups).
12ᵉ ...... février-mars......... *Viyakhna.*

Nous n'avons pas les noms des mois qui correspondent à peu près à nos mois de septembre, octobre et novembre, par la raison que la guerre ne se fait généralement pas, dans ces contrées, à cette époque de l'année. C'est le temps des fortes chaleurs, la saison insalubre, l'époque de la récolte, et le commencement des pluies torrentielles. Nous devons remarquer que les dates les plus avancées des batailles sont celles de Patigrabana et du mont Parga, les 1 et 6 Garmapada, c'est-à-dire à peu près le 22 et le 27 juillet.

N'oublions pas que ces mois ne sont pas ceux du calendrier de Zoroastre, mais qu'ils appartiennent au culte antérieur à Cyrus, à celui des Mèdes ariens, adopté par les Perses, et dont l'usage se perpétua même après l'institution du mazdéisme.

Outre la grande inscription de Bisoutoun, neuf autres servent à désigner les figures des captifs de Darius. Elles sont importantes en ceci qu'elles donnent plusieurs noms propres, qui sont perdus dans le document principal. La rédaction en est uniforme; elles sont ainsi conçues :

Agâ... sa ipruṣu umma.
Hic est... qui mentitus est ita.

L'image du *Sace Skounka* n'est pas accompagnée d'une légende assyrienne, ou peut-être ne l'a-t-on pas vue. La table supplémentaire, qui contient les récits des expéditions postérieures contre les Susiens et les Saces, n'est pas accompagnée de traductions scythique et babylonienne.

Nous faisons suivre maintenant la restitution du texte assyrien, autant qu'elle a été possible. Nous mettrons entre crochets les parties restaurées par nous et dans la transcription sémitique et dans la traduction française.

INSCRIPTION DE BISOUTOUN.

(TRADUCTION ASSYRIENNE.)

[1 אנכו דריוש סרא רבו · סר סרי · פל ושתספא · פל פל ארשמא ·] אחמנשי · סר גשי · פרסי סר פרם : דריוש סרא
רבהא יקבי · אתוי אבוי ושתספא · אבו שושתספא [2 ארשמא · אבו שארשמא] אריירמנא · אבו שאריירמנא ששפש ·
אבו שששפש אחמנש : דריוש סרא רבהא יקבי · אן לבא הנא [3 אחמנשיא נקבי] אלת עלות דגי אנחנא · אלת עלות
זרעון סרישן : דריוש סרא רבהא יקבי · ח אן לב זרעי אתוי אן פנתוי סרות יעתבשו · [4 אנכו תשעי · אן שני תורי
סרי נתר : דריוש סרא רבהא] יקבי · אן צללי שארמזדא אנכו סר · ארמזדא סרותא אנכו ידנו : דריוש סרא רבהא יקבי ·
הנאת [5 מתת שאנכו אצבת · אן צללי שארמזדא אנכו] סרשן אתר · פרס · עלמת · בבלו · אשר · ערב · מצר · אן מרת ·
ספרדא · יון [6 מדי · ארשטא · כתפתכא · פרתו · זרנגא] · אריוא · חורזמא · בחתר · סגדא · פרופרנסנא · נמרי · סתגו ·
[7 ארחתא · מכא · נבי כל מתת : דריוש סרא רבהא יקבי] · הנגית מתת שאנכו ישמעאני · אן צללי שארמזדא אן אנכו
עבדי יתרן · סנרתא [8 אן אנכו ינשן · שלפני אתוי יקבשן יום וליל] אן ששו יבנושו : דריוש סרא רבהא יקבי · אן

בכל מתת הננת נשו פתקד · אן ששו [9 למאר אסדדסו · נשו איב אן ששו למאר אשאלשו] · אן צללי שארמזדא דינת
אתוי אן בכל מתת הננית אשסגו · שלפני אתוי [10 יקבשן · אן עבשו יעבש : דריוש סרא] רבהא יקבי · ארמזדא
סרותא ידנו · ארמזדא יצמדנו עדי עלי שסרותא הנת [11 אבנש · אן צללי שארמזדא סרותא הנת אנכו] אבנש : דריוש
סרא רבהא יקבי · הנא שאנכו אעבש אן צללי שארמזדא · אפכי שאן סר אתר · [12 נשו כמבזיא שמשו פל כרש אלת
זרעון אתונו אן פנתוי הנ]שו הננא אן סר יתר · שכמבזיא הנשו אחשו ברזיא · עשתן אבושן · אחת אמשן · [13 אפכי
כמבזיא אן ברזיא הנשו ידך · עלא ש]כמבזיא ידך אן ברזיא · אן יקם אל מגר שברזיא דיך · אפכי כמבזיא אן מצר
[14 יתלך · כי כמבזיא אן] מצר יתלך · אפכי יקם לבא ביש יתזל · אפכי פרצת אן מתת למאד יסאד · אן פרס מדי
[15 ומתת שנית : דריוש סרא רבהא יקבי · נשו מגש גמתא שמשו · חנשו] יתבוא · אלת פשיחודא ארכדרי שדו שמשו ·
אלת לבא יום יד ארח יב שוא אן [16 לבא יתבוא · הנשו אן יקם יפרץ אמא · אנכו ברזיא אחו] כמבזיא · אפכי יקם
גבי לפני כמבזיא יתכרו · אן אלישו יתלכו · פרם מדי [17 ומתת שנית · אן סרותא יצבת · לבא יום ט ארח ה אן סרותא]
יצבת · אפכי כמבזיא מית · יתר מנשו מית : דריוש סרא רבהא יקבי · [18 חנת סרותא שנמתא הנשו מגש אן כמבזיא
יכם · ה]נת אלת יום רחק אתנו וזרענו שיא · אפכי גמתא הנשו מגש סרותא אן [19 כמבזיא יכם · פרם ומדי ומתת
שנית ·] .... שוא אן סר יתר : דריוש סרא רבהא יקבי · מנמא יאן [20 אל פרסי · אל מדי · אל מנמא אלת אתון
זרען שאן] גמתא הנשו מגש סרותא יכם · יקם מאד לפנישו יבתנם · [21 שיקם למארא ידך ; שברזיא קדמא ימגר · אן
לבא חנא למארא אן יקם ידך] · אמא · אנסלא ימסנו שלא ברזיא אנכו שפל כרש · מנמא ישלם אן עלי [22 גמתא
הנשו מגש · עדי שאנכו אכשר] · אפכי אנכו ארמזדא אצלא · ארמזדא יצמדנו · אן צללי שארמזדא [23 יום י ארח א
אתי · נשי · יצרת עליא · אנכו אדך אן גמ]תא הנשו מגש ודני שאתשו · אן ער סכתותא מת נסי שמשו שאן מדי ·
[24 הננא ארכשו · וסרותא אלת עלישו אכם · אן צללי שארמזדא אן סר אתר] · ארמזדא סרותא אנכו ידנו : דריוש סרא
רבהא יקבי · סרותא שלפני [25 זרען אתון ינשו · אנכו אשתר · אנכו אן אשרשא] אלתכן זו · אנכו אעתבש ביתי
שאלהי שנמתא הנשו מגש יבל · אנכו [26 אזנן ....] שנמתא הנשו מגש
יכמשנת · אנכו יקם אן אשרשו אלתכן זו פרם מדי [27 ומתת שנית · כמא אן פנתוי · אמא] אן צללי שארמזדא אנכו
אעתבש · אנכו אפתקד עדי עלי שבית אתון אן אשרשו [28 אלתכן זו · אנכו אפתקד] אן צללי שארמזדא · לבו שנמתא
הנשו מגש בית אתנו לא ישו : דריוש [29 סרא רבהא יקבי · הנא שאנכו אעתבש אפכי שאן סר אתר :] דריוש
סרא רבהא יקבי · עלא שאנכו אדך אן גמתא הנשו מגש · אפכי נשו [30 אשנא שמשו פל שופדרמא · הנשו אן
עלמתא] יתבוא · יקבי אמא אנכו סר עלמתא · אפכי עלמתיי יתכרו לפני · [31 אן הנשו אשנא יתלכו · אן סר עלמתא
יתר · ונשו בבלוי] נדנתבעל שמשו פל אינרי שוא אן בבלו יתבוא · אן יקם יפרץ · אנכו [32 נבוכדראצר פל שנבונהד ·
אפכי יקם שבבלו נבי אן חנשו נדנתבעל] יתלך · בבלו יתכר · סרות שבבלו יצבת : דריוש סרא רבהא יקבי · [33 אפכי
אנכו אן עלמתא אלתפר · הנשו אשנא.......... אנ]כו אדכשו : דריוש סרא רבהא יקבי · אפכי אנכו אן בבלו אלך ·
אן עלי [34 נדנתבעל שנבוכדראצר יקבו ·] יקם שנדנתבעל אן עלי דקתא ישוו אבא כלו דגלת מלי · אפכי אנכו יקם
[35 אן חלקי אפרק · אן שנת אן גמלי אשרכב · אן שנת סוסי אהן] · ארמזדא יצמדנו · אן צללי שארמזדא דגלת נעתבר · אדך
[36 יקם שנדנתבעל] יום כו ארח ט צלתא נעתבש : דריוש סרא רבהא יקבי · אפכי אנכו אן בבלו אתלך · אן בבלו לכשד ·
אן ער זזנא שמשו ששר פרת [37 נדנתבעל שיק]בו · אמא · אנכו נבוכדראצר · [אתי יקם · אן עבש תחצא יתלך] · אפכי
צלתא נעתבש · ארמזדא יצמדנו · אן צללי שארמזדא יקם שנדנתבעל [38 אדך] צלתא נתעבש יום [ב ארח י ....
.........] : דריוש סרא רבהא יקבי · אפכי נדנתבעל חנשו אן נשי יצרת עליא ש [39 סוסי אן בבלו ילך · אפכי אנכו
אן בבלו] אתלך · אן צללי שארמזדא בבלו אצבת ונדנתבעל אצבת · אפכי אנכו אן בבלו אן [40 נדנתבעל אדך :
דריוש] סרא רבהא יקבי · עדי עלי שאנכו אן בבלו אתר · אנת מתת שיכראני · פרס · עלמתא · מדי · אשר · [41 ארשמא ·
פרתו · מרגו ·] סתגו · נמרי : [דריוש סרא רבהא יקבי · נשו] מרתיא פל ששנשחרש אן ער כגנכא אן פרס אשב · שוא
אן עלמת יתבוא [42 אן יקם יקבי] אמא · אנכו אמנש סר עלמתא [אן קתרב אן עלמתא · עלמתיי לפני יבתנסו

ויצב]תו אן מרתיא הגשו שאן עלישן רבו אן רמגישן ידכושו : דריוש · [43 סרא רבהא יקבי · גשו] פרורתש [שמשו
מדי · שוא אן מדי יתבוא · אן יקם יקבי] אמא · אנכו חשתרתי זרע שאוכשתר · אפכי יקם שמדי מלא אן בית לפני
[44 יתכר · אן פהורתש הגשו יתלכו · שוא אן סר מדי יתר · יקם פרם ומדי שאתי יתרו.........]דו · אפכי אנכו יקם
אלתפר אן מדי · אודרנא שמשו גשו נלי פרסי · אן [45 רבו אן עלישן אלתכן · אקבי אמא · אלך יקם שמדי שלא
ידמוגי דוך · אפכי] אודרנא אתי יקם יתלך אן מדי · אן כשד אן ער מרו שמשו שמדי [46 אן לבא צלתא יעתבשו אתי
מדיי · הגשו רבו....... לא כלו · ארמזדא יצמדנו ·] אן צללי שארמזדא יקם אתוי ירד אן נכרת הגשן · יום כז ארח ד צלתא
יעתבשו · [47 אפכי יקם אתוי ממא לא יעבש · אן] כמפד שמשו שאן מדי אן לבא ידנלו פני · עדי עלי שאנכו אלך
אן מדי : [48 דריוש סרא רבהא יקבי · אפכי דדרשא שמשו ארשטי נלי · שוא אנכו אלתפרשו אן ארשמא · אקבי אמא ·
אלך] יקם נכרת שלא ידמוגי דוכשנרת · [49 אפכי דדרשא יתלך · אן כשד אן ארשמא נכרת יבחרו נמא יתלכו אן
חצא דדרשא] אן עבש תחצא · אפכי דדרשא צלתא יעתבש · אן ער זוז שמשו אן ארשמא [50 ארמזדא יצמדנו · אן
צללי שארמזדא יקם אתוי שנכרת ארך · יום ט ארח ב יעתבשו צלתא · ואן שנת ב] נכרת יבחרו נמא יתלכו אן חצא
דדרשא אן עבש תחצא · אפכי יעתבשו צלתא · [51 אן ער תגרא שמשו אן ארשמא · ארמזדא יצמדנו · אן צללי
שארמזדא יח ארח ב יעתבשו] צלתא · ירד אן לבשן דמו ובלטת יצבת דכ · אפכי אן שנת ג נכרות [52 יבחרו נמא יתלכו
אן חצא דדרשא אן עבש תחצא · אן ער אחימא שמשו אן ארשמא יעתבשו צלתא · ארמזדא יצמדנו ·] אן צללי שארמזדא
יקם אתוי אן נכרת ירד · יום ט ארח ח יעתבשו צלתא · [53 אפכי דדרשו ממא לא יעבש · ידנל פני · עדי עלי
שאלך אן מדי] : דריוש סרא רבהא יקבי · אמסא שמשו נלי פרסי · אן ארשמא [54 אלתפר · אקבי אמא · אלך יקם
שנכרות דוכשו · אפכי אמסא יתלך · אן כשר אן ארשמא] נכרת יבחרו נמא יתלכו אן חצא אמסא אן עבש תחצא ·
אפכי יעתבשו צלתא · [55 אן מת אצד שמשו אן אשר · ארמזדא יצמדנו · אן צללי שארמזדא יום טו ארח ז יקם אתוי]
ירד אן לבשן בכד · אן שבת שני נכרת יבחרו נמא ילכו אן חצא אמסא אן עפש תחצא · [56 אן אותירש שמשו אן
ארשמא צלתא יעתבשו · ארמזדא יצמדנו · אן צללי שארמזדא יקם אתוי] אן נכרת ירד · יום ל ארח ב יעתבשו צלתא ·
ירד אן לבשן במה · בלטת יצבת דנט · [57 אפכי אמסא ידנל פני עדי עלי שאלך אן מדי : דריוש סרא רבהא יקבי ·
אפכי אנכו אלת בבלו אתלך · אכשד] אן מדי · אן כשד אן מדי · אן ער כנדר שמשו אן מדי [58 אן לבא פרורתש
שיקבי אמא · אנכו סר מדי · אן עבש תחצא · אפכי צלתא נעתבש ·] ארמזדא יצמדנו · אן צללי שארמזדא יקם שפרורתש
[59 אנכו ארך · יום כב ארח ד · נעתבש צלתא · נדך אן לבשן....... בלטת נצבת....... אפכי פרורתש אתי] יצי עליא
שסוסי יצא · ילך אן מת רגא שמשו אן מדי · אפכי אנכו יקם [60 אתוי אלתפר · שאן עלישו יצבתו · אן פני ישילכו ·
אנכו אפשו ולשנשו ואזנישו אקצץ · אשבשו אן בבי אתוי ·] יקם נבי ימרושו · אפכי אן זקף אן ער הגמתן אלתכנשו ·
[61 ונשי....... · דריוש סרא רבהא יקבי · גשו שתרנתחמא שמשו אסכרתי · הגשו לפני יתכר ·] יקבי אן יקם אמא ·
אנכו סרא זרע שאוכשתר · אפכי אנכו יקם מדי [62 ופרס אלתפר · תחמספדא שמשו מדי נלי רבו אן עלישן אלתכן ·
אקבי אמא · הלך ויקם שלא ידמוגי דך · אפכי תחמספדא אתי יקם ילך · צלתא] אתי שתרנתחמא יעבשו · ארמזדא
יצמדנו · אן צללי שארמזדא [63 יקם אתוי אן יקם שנכרת ירד · ואן שתרנתחמא יצבתו · אן נרי ישבישו · אפכי
אפשו ואזנישו אקצץ · אן בבי אתוי מרבט אשבשו] יקם נבי ימרושו · אפכי אן ער ארבעאל אן זקף אשכנשן דיכי
ובלטו : [64 דריוש סרא רבהא יקבי · הנא שאן מדי אעבש : דריוש סרא רבהא יקבי · מתת פרתו ורכנא שמשן לפני
יתכרא · אן] פרורתש יקבא · וושתספא אבוי אן פרתו אשב [65 יקם אלת פנישו יפתשד יתכר · אן ער אוספוזתש
שמשו אן פרתו נכרת תחצא יעתבשו] · ארמזדא יצמדנו · אן צללי שארמזדא ושתספא ירד אן נכרת הגשן · יום כב
[66 ארח יב יעתבשו צלתא · אפכי מת הגת אן אנכו יתר · הנא שאן פרתו אעתבש : דריוש סרא רבהא יקבי · אפכי יקם
שפרם אן ושתספא אלתפר אלת רגא ·] אפכי שיקם אן עלי ושתספא יכשדו · ושתספא יקם שאתו [67 .... אן ער
פתגרבנא שמשו אן פרתו אתי נכרת צלתא יעתבש · ארמזדא יצמדנו · אן צללי שארמזדא ושתספא אן נכרת ירד · יום א
ארח ה] יעתבשו צלתא · ירד אן לבשן ודס ובלטת יצבת דקפב : [68 דריוש סרא רבהא יקבי · אפכי מת אי אנכו יתב ·

חַנָא שַׁאַן פַּרְתוּ אֶעְבְּשׁ :] דְרִיוָשׁ סַרָא רְבְהָא יַקְבִּי · מַת מַרְגוּ שֶׁמְשׁוּ תַכְּרַנִי · נְשׁוּ פַּרְדָא שְׁמְשׁוּ [69 אִן עְלִישׁוּ רַבּוּ אִן
רַסְגִישָׁן יִשְׁתַכְּנוּ · אֶפְכִי פַּרְסִי גַלֵּי דַדַרְשָׁא שְׁמְשׁוּ שַׁאַן בַּחְתַר פִּחָא אַלְתַפַּר · אַן עְלִישׁוּ אַקְבִּי אֶמָּא · הַלַּךְ יָקֵם שַׁלָא יַדְמוּנִי
דוּךְ ·] אֶפְכִי דַדַרְשָׁא יִתַּלַּךְ אִתִי יָקֵם · יִעְתַבְשׁוּ צַלְתָא אִתִי מַרְגוּנֵיי · [70 אַרְמַוָּדָא יַצְמְדַנוּ · אַן צַלְלִי שַׁאַרְמַוָּדָא יָקֵם
אַתּוּיָ אַן נִכְרַת יָדַךְ · יוֹם כּגֿ אַרַח טֿ יִעְתַבְשׁוּ צַלְתָא · יָדַךְ] אַן לִבְשָׁן דרגֿ וּבַלְטַת יַצְבַת ודסבֿ : דְרִיוָשׁ סַרָא רְבְהָא
[71 יַקְבִי · אֶפְכִי מַת אַן אַנְכוּ יָתַר · הַנָא שַׁאַן בַּחְתַר אֶעְבְּשׁ : דְרִיוָשׁ סַרָא רְבְהָא יַקְבִי : נְשׁוּ אוּוְדָתָא שְׁמְשׁוּ · אִן עַר תַרְוָא
אַן מַת יוּתִיָא] שְׁמְשׁוּ אִן פַּרְס אַשְׁב · שׁוּא יִתְבְוָא אִן פַּרְס · יַקְבִי אַן יָקֵם [72 אֶמָּא · אַנְכוּ בַּרְזִיָא פַּל כְּרַשׁ · אֶפְכִי יָקֵם
פַּרְס מַלָא אִן בִּית אַן בִּית יִעְבַר · לַפַּנִי אַתּוּיָ יִתְּכַר · אַן אוּוְדָתָא יִתַּלְכוּ · שׁוּא אַן סַר אִן פַּרְס יָתַר :] דְרִיוָשׁ סַרָא רְבְהָא
יַקְבִי · אֶפְכִי אַנְכוּ יָקֵם שַׁפַּרְס [73 שַׁלָא יִתְכַר · אַן פַּרְס וּסַדִי אַלְתַפַּר · אַרְתַבַרְזִיָא שְׁמְשׁוּ פַּרְסִי גַלֵּי · אַן עְלִישָׁן רַבּוּ
אַלְתַכַּן] · וְיָקֵם שַׁפַּרְס אִתִי יִתַּלְכוּ אַן מַדִי · אֶפְכִי אַרְתַבַרְזִיָא אִתִי יָקֵם [74 אַן פַּרְס יִתַּלַךְ · אַן כַּשַׁד אַן פַּרְס אַן עַר רַחָא
שְׁמְשׁוּ אִן פַּרְס אוּוְדָתָא שַׁבַרְזִיָא יָקְבוּ אַן עְבְשׁ תַחַצָא יִתַ]לַךְ · יִעְתַבְשׁוּ צַלְתָא · אַרַמַוָּדָא יַצְמְדַנוּ · אִן צַלְלִי שַׁאַרַמַוָּדָא
[75 יָקֵם אַתּוּיָ אַן יָקֵם שַׁאוּוְדָתָא יָדַךְ · יוֹם יבֿ אַרַח בֿ יִעְתַבְשׁוּ צַלְתָא : דְרִיוָשׁ סַרָא רְבְהָא יַקְבִי : אֶפְכִי] אוּוְדָתָא הַגְשׁוּ
אִתִי יָקֵם יַצִי עְלִיָא סוּסִי יִלַךְ · אַן [76 פְּסִיחָנַדָא · אֶלַת לִבָא שַׁנַת יִלַךְ אַן חַצָא שַׁאַרְתַבַרְזִיָא אַן עְבְשׁ תַחַצָא · אַן שְׁדוּ
פַּרַגָא שְׁמְשׁוּ יִעְתַבְשׁוּ צַלְתָא ·] אַרַמַוָּדָא יַצְמְדַנוּ · אַן צַלְלִי שַׁאַרַמַוָּדָא יָקֵם אַתּוּיָ יָדַךְ אַן יָקֵם שַׁאוּוְדָתָא · [77 יוֹם זֿ אַרַח הֿ
יִעְתַבְשׁוּ צַלְתָא וְאַן אוּוְדָתָא יַצְבְתוּ וּנְשִׁי דַנִי שַׁאַתְשׁוּ יְתְרוּ יַצְבְתוּשָׁן :] דְרִיוָשׁ סַרָא רְבְהָא יַקְבִי · אֶפְכִי אַנְכוּ אוּוְדָתָא הַגְשׁוּ
וּנְשִׁי דַנִי שַׁאַתְשׁוּ נַבִּי אַן זַקַף [78 אַשְׁכַן · אִן עַר אוּנְדִידִיָא שְׁמְשׁוּ אִן פַּרְס אַן זַקַף אַשְׁכַנְשַׁנַת : דְרִיוָשׁ סַרָא רְבְהָא
יַקְבִי · הַנָא שַׁאַן פַּרְס] אַלְתַעְבְשׁ : דְרִיוָשׁ סַרָא רְבְהָא יַקְבִי · אוּוְדָתָא הַגְשׁוּ שַׁיָקְבוּ [79 בַּרְזִיָא · שׁוּא יָקֵם יִלְתַפַּר אַן
אַרְחַתִי אַן חַצָא שַׁאוּוְנָא פַּרְסִי שְׁמְשׁוּ גַלֵּי · שַׁפַּחָא אִן אַרְחַתִי וּנְשׁוּ רַבּוּ אִן עְלִישָׁן יִלְתַכַּן אִן] אַרְחַתִי אֶמָּא · הַלְבָא וְאַן
אוּוְנָא דוּכָא · וְאַן [80 יָקֵם שַׁאַן דְרִיוָשׁ סַרָא יַקְבוּ · אֶפְכִי יִלַךְ יָקֵם הַגְשׁוּ שַׁאוּוְדָתָא יִשְׁפַּר אַן חַצָא שַׁאוּוְנָא אַן עְבְשׁ
תַחַצָא · אִן עַר כַּפְשְׁכַנְשׁ שְׁמְשׁוּ אִן אַרְחַתִי] יִעְתַבְשׁוּ צַלְתָא · אַרַמַוָּדָא יַצְמְדַנוּ · אִן צַלְלִי שַׁאַרַמַוָּדָא [81 יָקֵם אַתּוּיָ אַן
יָקֵם שַׁנִכְרַת יָדַךְ · יוֹם יגֿ אַרַח דֿ יִעְתַבְשׁוּ צַלְתָא · אַן שַׁנַת שַׁנַת יָקֵם שַׁנִכְרַת יִתַּלְכוּ אַן חַצָא אוּוְנָא יַבְתְרוּ נַמָא אַן עְבְשׁ
תַחַצָא · אִן מַת גַנְדַתְוָא שְׁמְשׁוּ] יִעְתַבְשׁוּ צַלְתָא · אַרַמַוָּדָא יַצְמְדַנוּ · אַן צַלְלִי שַׁאַרַמַוָּדָא [82 יָקֵם אַתּוּיָ אַן נִכְרַת יָדַךְ ·
יוֹם זֿ אַרַח יבֿ יִעְתַבְשׁוּ צַלְתָא : דְרִיוָשׁ סַרָא רְבְהָא יַקְבִי ·] אֶפְכִי גְשׁוּ הַגְשׁוּ שַׁאַן לִבָא יָקֵם רַבּוּ · שַׁאוּוְדָתָא יִשְׁפַּר · אִתִי
יָקֵם יַצִי עְלִיָא · [83 שַׁסּוּסִי יִלַךְ · אַן עַר אַרְשָׁדָא שְׁמְשׁוּ אִן אַרְחַתִי יִכְשַׁר · אֶפְכִי אוּוְנָא אִתִי יָקֵם אַן עְלִישׁוּ יִתַּלַךְ · אַן
גְשׁוּ הַגְשׁוּ] יַצְבַת · וּנְשִׁי דַנִי שַׁאַתְשׁוּ יָדַךְ · דִיפִי וּבַלְטַת שַׁיָקֵם [84 אַן זַקַף אַשְׁכַנְשַׁנַת : דְרִיוָשׁ סַרָא רְבְהָא יַקְבִי · אֶפְכִי
מַת אַן אַנְכוּ יָתַר · הַנָא שַׁאַן] אַרְחַתִי אֶעְבְּשׁ : דְרִיוָשׁ סַרָא רְבְהָא יַקְבִי · עַדִי עְלִי שַׁאַנְכוּ אַן פַּרְס וּסַדִי [85 אַתַּר · אַן
שַׁנַת בֿ בַּבְלוּיֵ לַפַּנִי יִתְכְרוּ · נְשׁוּ אַרַחוּ פַּל חַלְדַתָא אַרְשְׁטִי שׁוּא יִתְבְוָא אַן בַּבְלוּ · אַן עַר דַבַּלָא שְׁמְשׁוּ יִתְבְוָא · יַקְבִי] אַן
יָקֵם שַׁבַּבְלוּ אֶמָּא · אַנְכוּ נַבוּכַדְרַאצַּר פַּל נַבוּנַהַד · אֶפְכִי יָקֵם שַׁבַּבְלוּ לַפַּנִי [86 יִתְכַר · אַן אַרַחוּ הַגְשׁוּ יִלַךְ · שׁוּא בַּבְלוּ
יַצְבַת · שׁוּא אַן סַר אִן בַּבְלוּ יָתַר · אֶפְכִי אַנְכוּ יָקֵם אַן בַּבְלוּ אַשְׁפַּר · אוּנְדַפְרָא שְׁמְשׁוּ מַדִי גַלֵּי · שַׁרַבּוּ אִן] עְלִישָׁן אַלְתַפַּר ·
אֶמָּא · הַלַּךְ וְדוּךְ אַן יָקֵם נִכְרַת · [87 שַׁלָא יַדְמוּנִי אַן בַּבְלוּ · אֶפְכִי אוּנְדַפְרָא אִתִי יָקֵם אַן בַּבְלוּ יִתַּלַךְ · אַרַמַוָּדָא יַצְמְדַנוּ · אַן
צַלְלִי שַׁאַרַמַוָּדָא אוּנְדַפְרָא] יָקֵם שַׁבַּבְלוּ נִכְרַת יָדַךְ וְיַצְבַתְסַנַת · יָקֵם שַׁאַן לִבְשָׁן [88 יִתְכַר · אַן אַנְכוּ יִתַּלַךְ · יוֹם כבֿ
אַרַח יאֿ · אַרַחוּ הַגְשׁוּ שַׁיַקְבִי אֶמָּא · אַנְכוּ נַבוּכַדְרַאצַּר · יַצְבַת וּנְשִׁי שַׁאַתְשׁוּ · אַן אַנְכוּ] יָבְתוּ · אֶפְכִי אַנְכוּ נְאַם אַלְתַכַּן
אֶמָּא · אַרַחוּ וּנְשִׁי דַנִי [89 שַׁאַתְשׁוּ אִן בַּבְלוּ אַן זַקַף לִשְׁכְנוּ · וְאַן זַקַף אַשְׁכַנְשַׁנַת :] דְרִיוָשׁ סַרָא רְבְהָא יַקְבִי · הַנָא
שַׁאַנְכוּ אַן בַּבְלוּ אֶעְבְּשׁ : דְרִיוָשׁ סַרָא רְבְהָא יַקְבִי · הַנָא שַׁאַנְכוּ [90 אֶעְבְּשׁ · שַׁנַת יוֹם שַׁעַת אַן צַלְלִי שַׁאַרַמַוָּדָא אֶעְבְּשׁ ·
אַן לִבּוּ שַׁסַּתַת יִתְכְרָא · יטֿ תַחַצִי אֶעְתַבְשׁ · אִן צַלְלִי שַׁאַרַמַוָּדָא אַרְכַשְׁנַת ·] וְתִשְׁעַ סַרִישָׁן אֶצְבַת · גַמַתָא שְׁמְשׁוּ מַגַשׁ · שׁוּא
יִפְתַרַץ יַקְבִי אֶמָּא · [91 אַנְכוּ בַּרְזִיָא פַּל כְּרַשׁ · הַגְשׁוּ פַּרְס יִתְכַר · אַשְׁנָא שְׁמְשׁוּ עַלְמִי · שׁוּא יִפְתַרַץ יַקְבִי אֶמָּא · אַנְכוּ
סַר עְלַמְתָא · הַגְשׁוּ] עְלַמְתָא יִתְכַר · נִדְנְתַבְעַל שְׁמְשׁוּ בַּבְלוּיֵ · שׁוּא יִפְתַרַץ יַקְבִי אֶמָּא · אַנְכוּ נַבוּכַדְרַאצַּר [92 פַּל נַבוּנַהַד ·
הַגְשׁוּ בַּבְלוּ יִתְכַר · מַרְתִיָא שְׁמְשׁוּ פַּרְסִי · שׁוּא יִפְתַרַץ יַקְבִי אֶמָּא · אַנְכוּ אִמַנַשׁ סַר עְלַמְתָא · הַגְשׁוּ עְלַמְתָא] יִתְכַר · פַּרַוַרְתַשׁ
שְׁמְשׁוּ מַדִי · שׁוּא יִפְתַרַץ יַקְבִי אֶמָּא · אַנְכוּ חַשְׁתַרְתִי [93 זְרַע אוּכְשַׁתַר · הַגְשׁוּ מַדִי יִתְכַר · שְׁתְרַנְתַחְמָא שְׁמְשׁוּ אַסְכַּרְתִי ·

שוא יפתרע יקבי אמא · אנכו סר אסכרתי זרע] אנכשתר · הגשו אסכרתי יתבר · פרדא שמשו סרנזי · [94 שוא יפתרע
יקבי אמא · אנכו סר מרגו · הגשו מרגו יתבר · אוזדתא שמשו פרסי · שוא יפתרע יקבי אמא · אנכו ברזיא פל כרש ·]
הגשו פרם יתבר · ארחו שמשו ארשטי · הגשו [95 יפתרע יקבי אמא · אנכו נבוכדראצר פל נבונהד · הגשו בבלו
יתבר : דריוש סרא רבהא יקבי · אן סרי ☉ הגנת] יצבתו וידכו יקם אתוי אן בבל [96 צלת הגנית : דריוש סרא רבהא
יקבי · מתת שלפני יתברא · אלו שפרצן נכרת ישכן · אנמא נשי הגנת יתברו] יקם · אפכי ארמזדא אן קתי ינרגשגרת
[97 לבו שצבא יארש ארמזדא ילתכנשנת : דריוש סרא רבהא יקבי · את שסר סנמר אפכי · אלת פרצת נצרך אן גזר ·]
נשו שיפרע למאד שאלשו · כי תקבו [98 אמא · סרותי לא גמר לתר : דריוש סרא רבהא יקבי · הנא שאעבש · שנת
יום שעת אן צללי שארמזדא אעבש · את שאפכי] תחזו שאנכו אעבש · שטר שאן שטר לתקפני [99 עליך · אנמא לא
תקבושו פרצת : דריוש סרא רבהא יקבי · ארמזדא לסהדך שהגא אמתא · שפרצת לא אעבש] שנת יום שעת : דריוש
סרא רבהא יקבי · אן צללי שארמזדא [100 שנות מאדות שאעבשו · ושאן שטר הגשו לא ישטר · אן לבא הגא · נשו
שאפכי יחזו שטר הגשו ולא יקרא שאעבש שנמא · לא לת] קפשו שיקבי אמא · פרצת שן : דריוש סרא רבהא
[101 יקבי · סרי שילכו מחרי · לא יעבשו הגשן עבשית שאעבשן אנכו · לבו שאנכו שנת יום שעת אן צללי שארמזדא
נבי אעבשו : דריוש] סרא רבהא יקבי · את כי תמר דפי שאנכו אעבש וכתבתא אן [102 אנכו לתקפני עליך · שלא
תפסן דפא · כי לא תפסנשו ותקבושו אן יקם · ארמזדא לרבש אן עליך · וזרעך לב]שט · יוסף לארכו · וכי דפא אנתא
תפסן · אן יקם [103 לא תקבושו · ארמזדא לדכך · ואן אליך לא לתר זרעא : דריוש סרא רבהא יקבי · הנא שאעבש
שנת יום שעת] אן צללי שארמזדא אעתבש · ארמזדא יצמדנו ואלהי [104 שנת שיתרן : דריוש סרא רבהא יקבי · אן
לבא הנא ארמזדא יצמדנו ואלהי שנת שיתרן · שלא רשע אנכו · ושלא מפרע אנפו · ושלא פרכא] אעבש · אל אנכו : אל
זרעי · אן דנת אסגי · אן לכתא ומשכת [105 אל אחטא אן נכלא ופרכא · נשו שאן ביתי יפתקד · הגשו אסדדסו ·
ונשו שפרכן · הגשו למאד אשאלשו : דריוש סרא רבהא] יקבי · מנא את סר שמנמר אפכי · נשו שיפרע ונשו פרכן
[106 הגשו לא סדד · למאד שאלשו : דריוש סרא רבהא יקבי · מנא את שאפכי ותמר שטר הגשו שאשטר · וצלמן
הנגת · לא גכרשנת ואן יומיך נבי נצרשן ·] וכי שטר שאת תמר וצלמן הנגת · [107 ולא תנכרשנת · ועדי שאן אליך
זרעא תדששנת · ארמזדא למנרך וזרעך לבשט ולירכ]ו יומיך וארמזדא לרבש [108 נבי שתעתבש אפכי · וכי שטר
הגשו וצלמן הנגת תמר ותנכרשנת · ועדי שאן אליך זרעא לא תדששנת · ארמזדא לדכך · והבלי] לא תרבי וארמזדא
לארך [109 נבי שתעתבש אפכי : דריוש סרא רבהא יקבי · הנגת נשי ש]אתי יתרו · עדי עלי שאנכו אן גמתא הגשו
[110 מנש אדך · שברזיא יקבו · הנגת אתי יתרו · אונדפרנא שמשו פל] אוספרא פרסי · אותנא שמשו פל סחרא פרסי ·
[111 כברא שמשו פל מרדניא פרסי · אודרנא שמשו פל בגבגנא פרסי · בגבכ]שא שמשו פל זאתא פרסי · ארדמנש
פל אוחו [112 פרסי · מנא את סר אפכי · מין שנשי שאתי דריוש סרא יתרו · ושאן לבא צמדשן הגא אעתבש ·
נשי] הנגת למאד סדד :

TRADUCTION FAITE SUR LE TEXTE ASSYRIEN DE BISOUTOUN.

« [[1] Moi, Darius, grand roi, roi des rois, fils d'Hystaspe, petit-fils d'Arsamès,] Achéménide, roi des hommes, Perse, roi de Perse.

« Darius le grand roi dit : Mon père fut Hystaspe, le père d'Hystaspe, [[2] Arsamès; le père d'Arsamès,] Ariaramnès; le père d'Ariaramnès, Téispès; le père de Téispès, Achéménès.

« Darius le grand roi dit : Par cette raison [[3] sommes-nous appelés Achéménides;] depuis longtemps sommes-nous puissants, depuis longtemps notre race fut une race de rois.

« Darius le grand roi dit : Huit de ma race exercèrent le pouvoir royal avant moi; [[4] je suis le neuvième : dans deux séries nous fûmes rois.

«Darius le grand roi] dit : Par la grâce d'Ormuzd je suis roi, Ormuzd m'a confié la royauté.

«Darius le grand roi dit : Voici [[5]les pays que je possédais; par la grâce d'Ormuzd je] devins leur roi : la Perse, Élam, Babylone, l'Assyrie, l'Arabie, l'Égypte, les peuples de la mer, l'Asie Mineure, l'Ionie, [[6]la Médie, l'Arménie, la Cappadoce, la Parthie, la Sarangie,] l'Ariane, la Chorasmie, la Bactriane, la Sogdiane, le Paropanisus, les Saces, les Sattagydes, l'Arachosie, la Macie; [[7]en tout vingt-trois provinces.

«Darius le grand roi dit :] Voilà les pays qui m'obéissaient; par la grâce d'Ormuzd ils étaient mes esclaves, [[8]ils m'apportaient leurs tributs; ce que je leur ordonnais,] ils l'exécutaient jour et nuit.

«Darius le grand roi dit : L'homme qui était obéissant dans ces contrées, [[9]je l'ai beaucoup soutenu; mais l'homme méchant, je l'ai sévèrement puni;] par la grâce d'Ormuzd j'ai fait exécuter mes lois dans ces pays; l'ordre qui émanait [[10]de moi était strictement suivi.

«Darius] le grand roi dit : Ormuzd m'a donné la royauté; Ormuzd me soutint jusqu'à ce que j'eusse recouvré [[11]cet empire. Par la grâce d'Ormuzd j'ai conquis] la royauté.

«Darius le grand roi dit : Voici ce que je fis par la grâce d'Ormuzd, après que je fus roi. [[12]Un homme, nommé Cambyse, fils de Cyrus, de notre race, fut] avant moi roi ici : ce Cambyse eut un frère nommé Smerdis; un fut leur père, une fut leur mère. [[13]Ensuite Cambyse tua Smerdis. Quand] Cambyse tua Smerdis, le peuple ne savait pas que Smerdis avait été tué. Plus tard Cambyse marcha vers l'Égypte. [[14]Lorsque Cambyse était absent] en Égypte, le peuple tomba dans l'impiété, et les fausses croyances devinrent puissantes dans ces pays, en Perse, en Médie [[15]et dans les autres provinces.

«Darius le grand roi dit : Un Mage, nommé Gomatès,] se souleva. Ce fut dans Pissiachadia, près de la montagne nommée Arakadris, le quatorzième jour du douzième mois, [[16]qu'il se révolta. Il mentit devant le peuple en disant : «Je suis Smerdis, le frère] de Cambyse.» Alors le peuple entier se sépara de Cambyse, se rallia à lui; la Perse, la Médie [[17]et les autres provinces. Il saisit le pouvoir; ce fut le neuvième jour du cinquième mois quand il saisit le pouvoir. Ensuite Cambyse mourut; de lui-même lui vint la mort.

«Darius le grand roi dit : [[18]Cet empire, que le Mage Gomatès enleva à Cambyse,] avait appartenu à notre race depuis des temps reculés. Après que Gomatès le Mage eut enlevé [[19]la royauté à Cambyse, la Perse, la Médie et les autres provinces,] il y régna en maître, il devint roi.

«Darius le grand roi dit : Il n'y eut personne, [[20]ni Perse, ni Mède, ni personne de notre race, qui] eût enlevé l'empire au Mage Gomatès. Le peuple le craignait beaucoup, [[21]parce qu'il aurait tué beaucoup de ceux qui avaient connu le véritable Smerdis; pour cela il aurait tué beaucoup de monde, en se disant ainsi : «Il ne faut pas qu'ils s'aperçoivent que je ne suis «pas Smerdis, le fils de Cyrus.» Personne n'osa dire quoi que ce fût au sujet de [[22]Gomatès le Mage, jusqu'à ce que je vinsse.] J'invoquai Ormuzd, Ormuzd me soutint; par la grâce d'Ormuzd, [[23]le dixième jour du cinquième mois, je tuai, avec quelques hommes devoués,] Gomatès le Mage, et ses principaux adhérents. Ce fut dans la ville de Siktachotis, dans la province de Nisæa, en Médie; [[24]c'est là que je le tuai et que je lui enlevai l'empire. Par la grâce d'Ormuzd je devins roi;] Ormuzd me confia la royauté.

« Darius le grand roi dit : La royauté qui avait été ravie [[25]à notre race, je l'ai recouvrée : c'est moi qui l'ai] rétablie de nouveau. Je fis ceci : les maisons des dieux, que le Mage Gomatès avait détruites, je les ai [[26]relevées; je les ai rendues au peuple, ainsi que j'ai restitué le sacerdoce et le pontificat aux familles auxquelles] Gomatès le Mage les avait enlevés; j'ai rétabli l'État sur son ancienne base, et la Perse et la Médie, [[27]et les autres provinces; comme ç'avait été autrefois avant moi, ainsi je le fis] par la grâce d'Ormuzd; je travaillais jusqu'à ce que j'eusse réintégré notre maison dans son ancienne place; [[28]je travaillais pour refaire tout par la grâce d'Ormuzd,] comme si Gomatès le Mage n'avait pas supplanté notre maison.

« Darius [[29]le grand roi dit : Voilà ce que je fis, après je devins roi.]

« Darius le grand roi dit : Après que j'eus tué le Mage Gomatès, un homme [[30]nommé Athrinès, fils d'Opadarmès, se révolta] en Élam. Il parla ainsi : « Je suis roi d'Élam. » Alors les Élamites firent défection, [[31]ils allèrent vers cet Athrinès; il fut roi d'Élam. Ensuite un homme de Babylone,] nommé Nidintabel, fils d'Ainiri, se leva à Babylone; il mentit devant le peuple ainsi : « Je suis [[32]Nabuchodonosor, fils de Nabonid. » Alors tous les habitants de Babylone allèrent vers ce Nidintabel,] Babylone devint rebelle, celui-là devint roi.

« Darius le grand roi dit : [[33]Alors j'envoyai une armée vers Élam; cet Athrinès fut amené prisonnier, je] le tuai.

« Darius le grand roi dit : Ensuite je marchai sur Babylone, contre [[34]ce Nidintabel, qui se nommait Nabuchodonosor;] l'armée de Nidintabel se tenait sur des radeaux, le long du Tigre. [[35]Alors je partageai l'armée en deux parties; je fis monter l'une sur des chameaux, je fis amener des chevaux pour l'autre.] Ormuzd me soutint; par la grâce d'Ormuzd nous franchîmes le Tigre; je battis [[36]l'armée de Nidintabel.] Le vingt-sixième jour du neuvième mois nous livrâmes la bataille.

« Darius le grand roi dit : Alors je marchai vers Babylone. Quand j'approchai de Babylone (je rencontrai), à la ville de Zazanna, sur l'Euphrate, [[37]Nidintabel qui parlait] ainsi : « Je suis Nabuchodonosor, » [avec son armée, pour offrir le combat.] Nous livrâmes la bataille, Ormuzd me soutint; par la grâce d'Ormuzd je battis l'armée de [[38]Nidintabel. Nous livrâmes la bataille le [deuxième jour du dixième mois. Une partie de l'armée ennemie fuit dans l'eau, l'eau l'emporta.]

« Darius le grand roi dit : Alors ce Nidintabel se replia, avec quelques cavaliers, [[39]vers Babylone. Je marchai sur Babylone.] Par la grâce d'Ormuzd je pris Babylone, ainsi que Nidintabel lui-même, et, dans Babylone, [[40]je mis à mort Nidintabel.

« Darius [le grand roi dit : Pendant que j'étais à Babylone, les provinces suivantes firent défection : la Perse, Élam, la Médie, l'Assyrie, [[41]l'Arménie, la Parthie, la Margiane,] les Sattagydes, les Scythes.

« [Darius le grand roi dit :] Un homme, nommé Martias, fils de Sinsichrès, demeurant dans la ville de Cuganaca en Perse, se leva en Élam : [[42]il parla au peuple] ainsi : « Je suis « Immanès, roi d'Élam. » [Mais, quand j'étais proche d'Élam, les Élamites me craignirent, et prirent] ce Martias qui était leur chef et le tuèrent.

« Darius [[43]le grand roi dit : Un homme,] Phraortès de nom, un Mède, se leva en Médie. Il parla au peuple] ainsi : « Je suis Xathritès, de la race de Cyaxarès. » Alors le peuple de la Médie, qui ne demeure pas dans des maisons, [[44]se révolta contre moi, alla à ce Phraortès, il fut roi de Médie. L'armée de Perse et de Médie, qui m'était dévouée, était de petit nombre.] Alors je fis marcher une armée contre la Médie. Un Perse, nommé Hydarnès, mon serviteur, [[45]je le fis chef sur elle. Je parlai ainsi : « Marche, défais l'armée de Médie, qui ne me re« connaît pas. »] Hydarnès marcha avec l'armée contre la Médie. Quand il arriva à la ville nommée Marus, en Médie, [[46]ils livrèrent la bataille aux Mèdes. Celui qui était chef ne tint pas longtemps. Ormuzd me soutint;] par la grâce d'Ormuzd mon armée défit l'armée rebelle. Le vingt-septième jour du dixième mois, ils livrèrent le combat. [[47]Puis mes troupes n'opérèrent plus, et, à la ville nommée Campada, en Médie, elles m'attendirent jusqu'à ce que j'arrivasse en Médie.

« [[48]Darius le grand roi dit : Un Arménien, nommé Dadarsès, mon serviteur, je l'envoyai en Arménie. Je parlai ainsi : « Marche, défais l'armée qui ne me reconnaît pas. » [[49]Dadarsès se mit en route. Quand il s'approcha de l'Arménie, les rebelles se réunirent et marchèrent vers Dadarsès] pour offrir le combat. Alors Dadarsès accepta la bataille, à la ville nommée Zuza, en Arménie. [[50]Ormuzd me soutint; par la grâce d'Ormuzd mes troupes défirent les insurgés. Le neuvième jour du deuxième mois ils livrèrent la bataille. Pour la seconde fois] les rebelles marchèrent à la rencontre de Dadarsès, pour offrir le combat. Ils livrèrent la bataille, [[51]à la ville nommée Tigra, en Arménie. Ormuzd me soutint; par la grâce d'Ormuzd, le dix-huitième jour du deuxième mois, ils livrèrent] la bataille : il tua cinq cent quarante d'entre eux, et en prit vivants cinq cent vingt. Puis, pour la troisième fois, les rebelles [[52]se réunirent pour marcher à la rencontre de Dadarsès et pour offrir le combat. A la ville nommée Uhyâma, en Arménie, ils livrèrent la bataille. Ormuzd me soutint;] par la grâce d'Ormuzd mon armée défit les troupes insurgées; le neuvième jour du huitième mois ils livrèrent la bataille. [[53]Ensuite Dadarsès ne fit plus rien, mais il m'attendit jusqu'à ce que je vinsse en Médie.]

« Darius le grand roi dit : Un Perse, nommé Omisès, mon serviteur, je l'envoyai en Arménie. [[54]Je parlai ainsi : « Marche, détruis l'armée rebelle. » Omisès se mit en marche; quand il s'approcha de l'Arménie, les insurgés se réunirent pour marcher à la rencontre d'Omisès et pour offrir le combat. Ils livrèrent la bataille, [[55]à la ville d'Issid, en Assyrie. Ormuzd me soutint; par la grâce d'Ormuzd, le quinzième jour du dixième mois, mon armée] tua deux mille vingt-quatre d'entre eux. Pour la seconde fois, les insurgés se réunirent pour marcher à la rencontre d'Omisès et pour offrir le combat. [56A la ville nommée Autiyarus, en Arménie, ils livrèrent la bataille. Ormuzd me soutint; par la grâce d'Ormuzd mon armée défit les rebelles le trentième jour du deuxième mois; elle en tua deux mille quarante-cinq, et en prit vivants cinq cent cinquante-neuf. [57Puis Omisès attendit jusqu'à ce que je vinsse en Médie.

«Darius le grand roi dit : Alors je quittai Babylone, je marchai] vers la Médie. Quand j'approchai de la Médie, près de la ville nommée Kundurus, en Médie, [58(je trouvai) là Phraortès, qui dit ainsi, «Je suis roi de Médie,» prêt à offrir le combat. Nous livrâmes la bataille,] Ormuzd me soutint; par la grâce d'Ormuzd je défis l'armée de Phraortès; [59le vingt-deuxième jour du septième mois, nous tuâmes d'entre eux .... nous prîmes vivants............. Ensuite Phraortès, avec quelques cavaliers,] se retira vers la ville nommée Rhagæ, en Médie; alors je le fis poursuivre [60par mon armée, qui le fit prisonnier et qui l'amena devant moi. Je lui coupai le nez, la langue et les oreilles, je le fis exposer à la porte de mon palais;] le peuple entier le vit. Plus tard, je le fis mettre en croix à Ecbatane, [61lui et ses principaux adhérents.

«Darius le grand roi dit : Un Sagartien, nommé Tritantæchmès, se révolta contre moi.] Il parla au peuple ainsi : «Je suis roi de la race de Cyaxarès.» Alors je fis marcher l'armée de Médie [62et de Perse; je constituai pour leur chef le nommé Tachmaspadès, un Mède, je lui parlai ainsi : «Va et défais l'armée qui ne me reconnaît pas.» Tachmaspadès se mit en route avec l'armée; il livra le combat] à Tritantæchmès : Ormuzd me soutint; par la grâce d'Ormuzd [63mon armée défit l'armée rebelle, et prit Tritantæchmès. On l'amena devant moi. Alors je lui coupai le nez et les oreilles, je l'exposai lié à la porte du palais.] Le peuple entier le vit; ensuite je fis mettre en croix les morts et les vivants.

«[64Darius le grand roi dit : C'est ce que je fis en Médie.

«Darius le grand roi dit : Les contrées nommées Parthie et Hyrcanie se révoltèrent contre moi;] elle se déclarèrent pour Phraortès. Et Hystaspe, mon père, résidait en Parthie, [65le peuple lui devint ennemi et se révolta. A la ville nommée Hyspaozatis, en Parthie, les rebelles livrèrent la bataille.] Ormuzd me soutint; par la grâce d'Ormuzd Hystaspe défit ces rebelles. Le vingt-deuxième jour [66du douzième mois, ils livrèrent le combat. Ensuite le pays fut à moi. C'est ce que je fis en Parthie.

«Darius le grand roi dit : Ensuite j'envoyai les troupes de Perse, de Rhagæ.] Après que les troupes furent arrivées auprès d'Hystaspe, celui-ci les réunit aux autres. [67A la ville nommée Patigrabana, en Parthie, ils livrèrent la bataille. Ormuzd me soutint; par la grâce d'Ormuzd Hystaspe défit les insurgés. Le premier jour du cinquième mois,] ils livrèrent la bataille; il tua six mille cinq cent soixante d'entre eux, il en prit vifs quatre mille cent quatre-vingt-douze.

«[68Darius le grand roi dit : Ensuite le pays fut à moi. C'est ce que je fis en Parthie.]

«Darius le grand roi dit : Le pays nommé la Margiane se révolta contre moi. Il y avait un homme, nommé Phradès, [69 ils le reconnurent pour leur chef. Alors j'envoyai vers ce rebelle un Perse nommé Dadarsès, mon serviteur, qui était satrape en Bactriane. Je lui parlai ainsi : « Va, détruis cette armée qui ne m'obéit pas. »] Puis Dadarsès marcha avec les troupes; ils livrèrent la bataille avec les Margiens. [70 Ormuzd me soutint; par la grâce d'Ormuzd mon armée défit celle des rebelles. Le vingt-troisième jour du neuvième mois, ils livrèrent la bataille; il tua] quatre mille cent trois d'entre eux, et en prit vifs six mille cinq cent soixante-deux.

« Darius le grand roi [71 dit : Ensuite le pays fut à moi. C'est ce que je fis en Bactriane.

« Darius le grand roi dit : Un homme, nommé Œosdatès, résidait dans la ville nommée Tarava, dans la contrée Iutia,] en Perse. Il se leva en Perse. Il parla au peuple [72 ainsi : « Je suis Smerdis, le fils de Cyrus. » Alors les Perses qui n'ont pas de maisons vinrent de la plaine. Ils firent défection de moi, ils allèrent vers Œosdatès, il fut roi en Perse.]

« Darius le grand roi dit : Alors je fis marcher les troupes perses [73 qui n'avaient pas fait défection vers la Perse et la Médie. J'en constituai le chef un Perse nommé Artabardès, mon serviteur.] Ensuite l'armée de Perse marcha avec moi contre la Médie, et Artabardès alla avec ses troupes [74 contre la Médie. Lorsqu'il cheminait à travers la Perse, près d'un endroit nommé Rakha, en Perse, Œosdatès, qui s'appelait Smerdis, marcha contre lui pour offrir le combat;] ils livrèrent la bataille. Ormuzd me soutint; par la grâce d'Ormuzd [75 mon armée défit celle d'Œosdatès. Le douzième jour du deuxième mois, ils livrèrent la bataille.

« Darius le grand roi dit : Ensuite] Œosdatès s'enfuit avec un petit nombre de cavaliers vers [76 Pissiachadia; de là il sortit, pour la seconde fois, à la rencontre d'Artabardès, pour offrir le combat. Près d'une montagne nommée Paraga, ils livrèrent la bataille.] Ormuzd me soutint; par la grâce d'Ormuzd mon armée défit celle d'Œosdatès. [77 Le sixième jour du cinquième mois, ils livrèrent le combat, et prirent cet Œosdatès et ses principaux adhérents.]

« Darius le grand roi dit : Plus tard, je fis mettre en croix cet Œosdatès et ses principaux adhérents, [78 dans la ville nommée Châdidia, en Perse.

« Darius le grand roi dit : C'est ce que] je fis en Perse.

« Darius le grand roi dit : Cet Œosdatès, qui s'appelait [79 Smerdis, avait envoyé une armée en Arachosie à l'encontre du Perse Hyanès de nom, mon serviteur, satrape en Arachosie. Il avait institué un chef] en Arachosie, parlant ainsi : « Allez, défaites ce Hyanès, et [80 l'armée qui reconnaît le roi Darius. » Alors cette armée qu'Œosdatès avait envoyée marcha à la rencontre d'Hyanès pour lui offrir le combat. A la ville nommée Capissakanis, en Arachosie,] ils livrèrent la bataille. Ormuzd me soutint; par la grâce d'Ormuzd [81 mon armée défit celle des rebelles. Le treizième jour du dixième mois ils livrèrent la bataille; et, pour la seconde fois, les insurgés se réunirent et marchèrent à l'encontre de Hyanès pour offrir le combat. Dans la contrée nommée Gandutava,] ils livrèrent la bataille. Ormuzd me soutint; par la grâce d'Ormuzd [82 mon armée défit celle des insurgés. Le septième jour du douzième mois ils livrèrent la bataille.

« Darius le grand roi dit :] Alors cet homme, qui fut le chef d'armée qu'Œosdatès avait envoyé, s'enfuit avec une troupe composée de peu de [83 cavaliers. Il parvint jusqu'à la ville nommée Arsada, en Arachosie. Alors Hyanès la poursuivit,] prit cet homme et tua ses principaux adhérents; morts et vifs [84 il les fit mettre en croix. Alors le pays fut à moi : c'est ce que] je fis en Arachosie.

« Darius le grand roi dit : Pendant que j'étais en Perse et en Médie, [85 les Babyloniens firent défection pour la seconde fois. Un Arménien, nommé Arakh, fils de Haldita, se leva à Babylone. Il s'insurgea dans la ville nommée Dubâla, parlant] ainsi au peuple de Babylone : « Je suis Nabuchodonosor, fils de Nabonid. » Alors le peuple de Babylone se révolta contre moi, [86 et se déclara pour cet Arakh, qui s'empara de Babylone; il fut roi de Babylone. Alors j'envoyai des troupes à Babylone. Un Mède, nommé Intaphrès, mon serviteur, je le leur donnai] pour chef, et je l'envoyai, parlant ainsi : « Va et défais l'armée insurgée [87 qui « ne me reconnaît pas à Babylone. » Intaphrès marcha avec les troupes contre Babylone. Ormuzd me soutint; par la grâce d'Ormuzd Intaphrès] défit l'armée à Babylone et prit les autres (chefs); le peuple, qui s'était révolté avec eux, [88 se déclara pour moi. Le vingt-deuxième jour du onzième mois, cet Arakh, qui avait dit : « Je suis Nabuchodonosor, » fut pris, lui et ses principaux adhérents; ils me furent] amenés. Alors je rendis un décret, ainsi conçu : « Qu'Arakh et ses principaux adhérents [89 soient mis en croix à Babylone. » C'est ainsi qu'ils moururent.]

« Darius le grand roi dit : C'est ce que je fis à Babylone.

« Darius le grand roi dit : Ce que j'ai fait, [90 je l'ai fait de tout temps par la grâce d'Ormuzd. Parce que ces pays se révoltèrent, j'ai livré dix-neuf batailles; par la grâce d'Ormuzd je les ai pacifiés,] et je pris leurs neuf rois. Un Mage, Gomatès de nom, mentit en parlant ainsi : [91 « Je suis Smerdis, fils de Cyrus; » celui-ci ameuta la Perse. Un Élamite, Athrinès de nom, mentit en parlant ainsi : « Je suis roi d'Élam; » celui-ci] ameuta Élam. Un Babylonien, Nidintabel de nom, mentit en parlant ainsi : « Je suis Nabuchodonosor, [92 fils de Na-« bonid; » celui-ci ameuta Babylone. Un Perse, nommé Martias, mentit en parlant ainsi : « Je « suis roi d'Élam; » celui-ci] ameuta Élam. Un Mède, nommé Phraortès, mentit en parlant ainsi : « Je suis Xathritès, [93 de la race de Cyaxarès; » celui-ci ameuta la Médie. Un Sagartien, Tritantæchmès de nom, mentit en parlant ainsi : « Je suis roi en Sagartie, de la race « de] Cyaxarès; » celui-ci ameuta la Sagartie. Un Margien, Phradès de nom, [94 mentit en parlant ainsi : « Je suis roi de Margiane; » celui-ci ameuta la Margiane. Un Perse, Œosdatès de nom, mentit en parlant ainsi : « Je suis Smerdis, fils de Cyrus; »] celui-ci ameuta la Perse. Un Arménien, Arakh de nom, [95 mentit en parlant ainsi : « Je suis Nabuchodonosor, fils de « Nabonid; » celui-ci ameuta Babylone.

« Darius le grand roi dit : Voilà les neuf rois] que mes armées défirent et tuèrent dans [96 ces batailles.

« Darius le grand roi dit : Ces pays qui se révoltèrent contre moi, le dieu du mal les rendit rebelles, et il fit que ces hommes-là ameutèrent] le peuple. Mais Ormuzd les donna dans ma main; [97 Ormuzd les livra, comme c'était mon désir.

« Darius le grand roi dit : Toi qui après moi seras roi, tiens-toi bien loin de tout mensonge;] l'homme qui ment, punis-le sévèrement. Si tu penses ainsi, [98 ma royauté sera impérissable.

« Darius le grand roi dit : Ce que j'ai fait, en toute époque, je l'ai accompli par la grâce d'Ormuzd. Toi qui après moi] verras ce que j'ai fait, que l'inscription qui est gravée sur cette table me serve de témoin, [99 et que tu ne la prennes pas pour mensongère.

« Darius le grand roi dit : Ormuzd peut t'être témoin que cela est la vérité, que je n'ai fait de mensonge] à aucune époque.

« Darius le grand roi dit : Par la grâce d'Ormuzd [100 j'ai accompli bien d'autres œuvres qui ne sont pas consignées dans cette inscription; mais, pour cette raison, l'homme qui verra plus tard cette table, et qui n'y lira pas ce que j'ai fait ailleurs, ne devra pas] s'autoriser à parler ainsi : « Ce sont des mensonges. »

« Darius le grand roi [101 dit : Les rois qui vécurent avant moi n'ont pas accompli d'œuvres telles que les miennes, puisque, à toute époque, j'ai fait tout par la grâce d'Ormuzd.

« Darius] le grand roi dit : Toi qui verras ces tables et les inscriptions, [102 qu'elles t'enseignent que tu n'effaces pas ces tables. Si tu ne les effaces pas et que tu en répandes le contenu dans le peuple, qu'Ormuzd te rende heureux, qu'il étende ta race, qu'il prolonge tes jours. Mais, si tu effaces ces tables [103 et que tu n'en répandes pas le contenu dans le peuple, qu'Ormuzd t'anéantisse, que tu n'aies pas de progéniture.

« Darius le grand roi dit : Ce que j'ai fait à toute époque,] je l'ai fait par la grâce d'Ormuzd; Ormuzd m'a soutenu, et les [104 autres dieux qui existent.

« Darius le grand roi dit : Et, si Ormuzd m'a soutenu, et les autres dieux qui existent, c'est parce que je n'ai pas été méchant, ni menteur, ni ai-je] commis d'injustice, ni moi ni ma race. J'ai marché dans les lois, les droits et coutumes [105 je ne les ai pas lésés. L'homme qui était dévoué à ma maison, je l'ai soutenu, et l'homme méchant, je l'ai sévèrement puni.

« Darius le grand roi] dit : Toi qui après moi seras roi à ma place, l'homme qui ment, et l'homme injuste, [106 ne les épargne pas, punis-les sévèrement.

« Darius le grand roi dit : Toi qui viendras après moi, et qui verras l'inscription que j'ai écrite et ces images, ne les mutile pas, et toute la vie protége-les.] Et, si tu vois cette inscription et ces images, [107 et que tu ne les mutiles pas, et que tu les conserves, autant que tu auras de la progéniture, qu'Ormuzd te bénisse, qu'il étende ta race,] qu'il prolonge tes jours, et qu'Ormuzd fasse prospérer [108 tout ce que tu entreprendras. Et, si tu vois cette inscription et ces images, et que tu les mutiles, et que tu ne les conserves pas, autant que tu auras de la progéniture, qu'Ormuzd t'anéantisse,] que tu n'élèves pas tes enfants, et qu'Ormuzd maudisse [109 tout ce que tu entreprendras.

« Darius le grand roi dit : Voici les hommes qui furent] avec moi quand je tuai le Mage

Gomatès, [110 qui s'appelait Smerdis. Ceux-ci furent avec moi : Intaphernès de nom, fils] d'Œosparès, Perse; Otanès de nom, fils de Sochrès, Perse; [111 Gobryas de nom, fils de Mardonius, Perse; Hydarnès de nom, fils de Megabignès, Perse; Megabyze] de nom, fils de Dadyès, Perse; Ardimanis de nom, fils d'Ochus, [112 Perse. Toi qui seras roi après moi, soutiens les hommes de la valeur de ceux qui furent avec le roi Darius, et par l'assistance desquels je fis de telles choses,] de tels hommes, soutiens-les toujours! »

CHAPITRE VI.

INSCRIPTION DES FENÊTRES.

Nous avons gardé pour la fin la petite légende qui se trouve sur les fenêtres de Persépolis. Quoique très-brève, elle est très-difficile à expliquer, parce qu'elle contient des termes architectoniques, mots qui se retrouveront souvent dans les inscriptions *unilingues* d'Assyrie. La difficulté de l'interprétation des documents de cette nature se révèle par la multiplicité des explications que l'on a proposées pour cette petite inscription. Nous avons déjà, dans notre mémoire sur les inscriptions perses, rendu compte des diverses manières de retrouver le sens de ce document, et nous avons maintenant acquis la certitude que, parmi toutes les interprétations proposées, et très-différentes les unes des autres, la nôtre est celle qui se rapproche le plus de la vérité.

Le perse est :

Ardaçtâna âthañgina Dârayavahus khsâyathiyahyâ vithiyâ karta.
Vestibulum marmoreum (in) Darii regis æde constructum.

Je ne reviens pas sur les opinions de mes devanciers dont on a reconnu l'inexactitude : je ne me permets que de rectifier la mienne, émise déjà avec un signe de doute. J'avais traduit, « Chambranle de pierre fait dans le palais du roi Darius; » maintenant la traduction assyrienne me porte à donner l'interprétation suivante : « Colonnade de marbre, construite dans le palais du roi Darius. »

La version assyrienne donne :

Ku - bu ur. ri i - mu. ga - la - la. i - na. bi it.
Vestibulum columnis præditum marmoreum in domo

Da - ri - ya - vus. šar - ri. ip - su '.
Darii regis constructum.

Cette interprétation prouve ce que j'avais avancé, que le mot d'*ardaçtâna*, loin d'être un adjectif signifiant « élevé, » est, au contraire, un substantif dérivé de cette idée, mais ayant un sens architectonique.

Ensuite elle confirme la traduction de *vithiyâ* comme un locatif de *vith* « maison. »

Reste donc maintenant à nous rendre compte des mots *kubur rímu galala*.

Le premier terme se trouve souvent dans les inscriptions assyriennes; il vient de la racine כבר « être haut. » En éthiopien *kybăr* veut dire « palais, » et c'est ce mot que nous rencontrons également dans la langue d'Assour. Une question peut être soulevée : ce mot babylonien *kubur* se rapporte-t-il au palais tout entier, ou a-t-il trait à la partie de la maison royale où se trouve l'inscription, c'est-à-dire « la grande salle? » Je crois devoir me décider pour le second : ce mot n'indique que le grand vestibule hypostyle.

Mais, pour rendre l'idée d'*ardaçtâna* « la salle élevée, » la version assyrienne ajoute *rímu*, de *rim* « haut; » employé quelquefois comme adjectif. La même expression pourtant sert de terme technique : Nabuchodonosor parle des *rím* qu'il construisit à côté de ses portes, et je ne doute pas que le mot *rim* ne cache la même idée que l'inscription de Darius indique par le substantif *kubur*. Le monogramme rendant *rim* est [cuneiform], signe que nous savons avoir la valeur syllabique de *am*[1] : le sens semble être celui de « portique. »

Du reste, nous n'avons qu'à rappeler que la racine hébraïque ארם, très-rapprochée de celle de רום, et ayant le même sens, compte parmi ses dérivés le mot ארמון, l'expression usitée pour « palais. » Nous nous bornons à citer comme appartenant à la même famille la racine חרם, d'où dérive هرم « la pyramide. »

Quant au mot *galala*, il vient sûrement de גלל « être rond. » En chaldaïque, le mot גלל veut dire « pierre, » et spécialement « marbre; » ainsi le Talmud dit כלי גללין « vase de marbre. » Cette interprétation confirmerait et la lettre et l'explication du mot perse *athañgina* « fait de pierre, » comme le prototype du perse moderne سنگ « pierre. »

Dans ce cas, on retrouverait le perse *athañga* dans un sanscrit *açâku*, qui n'existe pas sous cette forme : la racine *aç* pourtant a parmi ses dérivés le mot *açma*, qui veut effectivement dire « pierre. »

Le mot *galal*, du reste, admet une autre interprétation philologique, celle de « voûte élevée. » Je n'en parle du reste que pour mémoire, parce que des raisons archéologiques ne me font pas supposer que les Perses aient eu des voûtes en pierre.

Nous voyons donc dans le mot *galal* le mot « pierre » ou « marbre, » quoique ce terme ne soit pas précédé du monogramme indiquant « pierre, » [cuneiform].

Le reste de l'inscription ne souffre pas de difficulté.

Nous remarquons que le mot « roi » est écrit phonétiquement, comme souvent dans les textes de Babylone. Nous avons déjà remarqué que le signe [cuneiform] remplace aussi bien [cuneiform] *śa ar*, que [cuneiform] *sa ar*. Les langues congénères ne permettent, dans

[1] Voir l'inscription de Londres, col. III, l. 59, comparée avec la transcription cursive qu'en donne Ker Porter.

ce cas, que la transcription par un ס. Les savants anglais qui écrivent le mot assyrien *shar* sont en désaccord avec la langue hébraïque, ainsi qu'avec la transcription donnée par la Bible du nom de « Sargon. »

Ipsū est le *status emphaticus* de *ipis* ou *ibis* עֲבַשׁ « œuvre, » et nous transcrivons le texte entier ainsi :

כְּבַר רִים גְּלַל אִן בֵּית דָּרְיָוֶשׁ סַרָא עֲבָשָׁא :

« Vestibule à colonnes de marbre, œuvre (construite) dans le palais du roi Darius. »

La traduction médo-scythique est fort difficile à expliquer; mais elle est très-instructive, en ce qu'elle confirme encore une fois l'antériorité de l'écriture touranienne. Le mot *rim* est traduit par *haras-inna*, dont *haras* veut dire « haut, » comparable au magyare *erös*. En effet nous trouvons dans les syllabaires la lettre *ḫar* interprétée par *ramimu* de la racine connue *ramam* « être élevé. »

CHAPITRE VII.

INSCRIPTION ASSYRIENNE DE DARIUS A PERSÉPOLIS.

Nous terminerons ce chapitre par un texte dont nous ne possédons plus l'original perse, et qui, par cela même, forme le trait d'union entre les inscriptions trilingues et celles de Babylone. Ce texte n'a été analysé que par M. de Saulcy, qui a reconnu qu'il ne correspond ni à l'inscription perse à côté de laquelle il se trouve, ni à la version touranienne. Le lecteur appréciera les restitutions que nous avons cru devoir faire.

1. *U - ru - ma az - da. ra - bi. sa. ra - bu u. in. ili.*
Oromazes magnus qui maximus supra

ilui. gab - bi. 2. *sa. sami. u. irṣit. ib - nu - u. u. nisi.*
deos omnes, qui cœlum et terram creavit, et homines

ib - nu - u. sa. dumku. 3. *gab - bi. id - din - nu. va. ana. nisi.*
creavit, et auctoritatem omnem dedit hominibus

in. lib - bi. bal[1] *- ṭu '. sa. a - na.* 4. *Da a - ri - ya -*
inter animantia, qui Da-

[1] Il n'y a pas de lacune entre ces deux lettres, comme le porte le texte publié par M. de Saulcy.

vus. śarru. ib - nu - u. u. a - na. Da a - ri - ya - vus.
rium regem creavit, et Dario

5. *śarri. śarru u - tu. id - din - nu. in. dḳ - ḳar. a - ga a.*
regi imperium dedit in terra ista

rap - sa a - tuv. 6. *sa. matāt ma - di i - tuv. in.*
ampla quæ provincias multas in

lib - bi - su. Par - śu. 7. *Ma - da ai. u. matāt. sa - ni - ti.*
medio (continet): Persiam, Mediam et provincias alias

va. li - sa - nu. 8. *sa - ni - tuv. sa. sadi. u. ma a - tuv. sa.*
cum lingua alia montium et vallium quæ

a - ḫa - na ai. 9. *a - ga a. mar - ra - tuv. u.*
citra [hæ] mare, et

a - ḫu ul - lu - ai. 10. *ul - li i. sa. mar - ra - tuv.*
ultra [istæ] mare,

sa. a - ḫa - na ai. 11. *a - ga a. sa. dḳ - ḳar. ṣu - ma - ma - i -*
quæ citra [hæ] terram deser-

tuv. u. a - ḫu ul - lu ai. ul - li i. 12. *sa. dḳ - ḳar.*
tam, et ultra [istæ] terram

ṣu - ma - ma - i - tuv. Da a - ri - ya - vus. śarru. 13. *i -*
desertam. Darius rex di-

ḳab - bi. in. ṣilli. sa. U - ra - ma az - da. a - ga - ni
cit: in umbra Oromazis hæ

i - tuv. 14. *matāt. sa. a - ga a. i - bu - sa '. sa.*
(sunt) provinciæ quæ ista fecerunt, quæ

a - gan - na. ib - ḫu - ruv. 15. *Par - śu. Ma - da ai. u.*
hic coïere: Persia, Media et

matāt. sa - ni - ti. va. 16. *li - sa - nu. sa - ni - tuv. sa.*
provinciæ aliæ cum lingua alia

sadi. u. ma a - tuv. sa. a - ḫa - na ai. 17. *a - ga a. sa.*
montium et vallium quæ citra [hæ]

mar - ra - tuv. u. a - ḫu ul - lu ai. ul - li i.
mare et ultra [istæ]

18. *sa. mar - ra - tuv. u. a - ḫa - na ai. a - ga a. sa.*
mare, et citra [hæ]

ák - ḳar. 19. *ṣu - ma - ma - i - tuv. u. a - ḫu ul - lu ai.*
terram desertam et ultra

ul - li i. 20. *sa. ák - ḳar. ṣu - ma - ma - i - tuv.*
[istæ] terram desertam :

lib - bu u. sa. a - na - ku. 21. *ni - i - mi. as - ku un -*
sicut ego jussum faciebam

nu us - su - nu. sa. a - na - ku. 22. *i - bu us. gab - bi. in.*
iis. Quæ ego feci omnia in

ṣilli. sa. U - ru - ma az - da. 23. *i - ti - bu us.*
umbra Oromazis feci;

a - na - ku. U - ru - ma az - da. li iṣ - ṣur. 24. *it - ti.*
me Oromazes protegat cum

ilui. gab - bi. a - na. anaku. u. a - na. sa. a - na - ku.
diis omnibus et me et quæ ego

a - bil.
feci.

Quoique ce texte se rapproche, en général, des autres inscriptions des Achéménides, il appartient néanmoins, à cause des différences du détail, aux plus difficiles qui nous soient parvenus. Je serais très-enclin à croire qu'il n'a jamais existé de version perse de ce texte, qui, plus que tout autre, semble destiné à ramener à la foi mazdéenne les sectateurs du culte sémitique des Babyloniens. Ce document se trouve auprès de deux inscriptions perses cotées *H* et *I* dont une version assyrienne nous aurait beaucoup appris; car elles sont remplies de termes intéressants, qui ne se lisent que là. Mais la raison de ce manque de traduction nous paraît simple, car surtout l'inscription *I*[1] ne s'adresse qu'aux Perses seuls. Darius énumère les pays qui se trouvent sous sa domination et qu'il contient à l'aide du peuple perse; il enjoint à son successeur de ne pas redouter l'ennemi et de protéger son pays, et, dans l'inscription *I*, il glorifie la Perse comme belle, riche en hommes et en chevaux. Rien de tout cela ne se trouve dans le texte assyrien.

L'énumération nominale est remplacée par une série de quatre catégories de pays, en dehors des provinces maîtresses, la Perse et la Médie. La détermination de leur signification a été une des plus difficiles et des plus longues dont je puisse me souvenir. Après avoir cherché partout le sens des *aḥanai aga* et des *aḥulluai ulli* de l'eau et de la terre, j'ai pensé, en m'aidant de la forme *aḥi ullai* sur le texte de Nakch-i-Roustam, à décomposer ces deux termes en *aḥ* et dans les deux démonstratifs, le plus proche *aga*, *anni*, et le plus éloigné *ulli*. En comparant le terme *aḥ* ou *aḥi* avec l'arabe وخى et وخ «diriger,» j'ai cru pouvoir lui attribuer la notion de région, de sorte que ces compositions אַחַנַי et אַחֻלְּי indiquent «près» et «loin,» ou «en deçà» et «au delà.»

Les expressions qui rendent, dans le texte sémitique, les idées de mer et de terre, sont expliquées, sauf le mot [cunéiforme]; celui-ci représente, dans la transcription phonétique, *ṣu-ma-ma-i-tuv*. Mais alors il y a un hiatus très-difficile à expliquer, à moins que l'on n'y veuille voir un féminin d'un dérivé local en *ai*, comme, par exemple, le caillou de Michaux nous fournit le nom propre d'une femme s'appelant : חֲצַר־סַרְגָנִית[2]. Mais qu'est-ce que צַמְמַיִת? Je propose de rattacher ce mot au groupe des racines צום «jeûner,» צמא «avoir soif,» צמק «dessécher,» de sorte que le mot assyrien signifierait «la terre altérée, le désert.» Nous traduisons ce passage ainsi : «Ces pays-ci en deçà de la mer, ces pays-là au delà de la mer[3], ces pays-ci en deçà du désert, ces pays-là au delà du désert.»

Nous avons voulu commencer notre interprétation par la plus grande difficulté; car le reste présente moins d'obscurité. Je traduis le mot [cunéiforme] *balṭū* par «êtres animés» (voy. p. 224), quoique je ne me rende pas exactement compte de la terminaison *ū*. On remarquera, du reste, la notable différence du style de cette inscription, surtout dans le protocole.

Il est évident, par la répétition de la forme [cunéiforme] (l. 8 et 16), qu'elle n'est ni identique à [cunéiforme] *mātat*, ni à [cunéiforme] *mātuv*, qui doit avoir, comme souvent, la si-

[1] C'est l'inscription *I* où se trouvent les satrapies qui ont aidé Burnouf et Lassen à retrouver l'alphabet arien.

[2] La femme de *Ḥiṣr-Sargon* (Khorsabad).

[3] Comparez l'inscription de Nakch-i-Roustam, p. 175.

gnification de « pays plat. » Nous prenons donc l'idéogramme figuré ci-dessus pour l'expression de « montagne, » et le transcrivons שַׁדִי.

Le dernier mot me paraît identique au terme assyrien [cuneiform], dont le second signe a la forme babylonienne [cuneiform] (voy. p. 114 et 203), et la signification de « faire. »

J'ai cru devoir restaurer et lire (l. 13) *haganít* « telles sont, » et, à la fin de la ligne 14, יִבְחֲרוּ *ibḥuru* « s'assemblèrent, » sans compter des restitutions insignifiantes (l. 21, 23, 24).

Voici la transcription de l'inscription :

1 אֲרַמְזְדָא רַב שֶׁרַבוּ אִן עֲלֵי אֱלָהֵי נַבִּי · 2 שַׁשַּׁמַי וּאַרְצַת יִבְנוּ · וּגְשֵׁי יִבְנוּ · שַׁרְסְקָא 3 נַבִּי יָדֵן אַן גְשֵׁי אִן לְבָא בַּלְטוּ ·
שַׁאַן 4 דַרְיָוֻשׁ סַרָא יִבְנוּ · וּאַן דַרְיָוֻשׁ 5 סַרָא סַרוּתָא יָדְנוּ אִן עַקַּר הַנָא רַפְשַׁת 6 שַׁסַתְּת מַדֵּת אִן לְבִשׁוּ · פַּרַס
7 וּמַדַי וּמַתַּת שַׁנַּת וּלְשַׁן 8 שַׁנַת שַׁשַּׁדִי וּמָתָא · שַׁאַחֲנִי 9 הַנָא שַׁמַרְתָא וּאַחְלוּנִי 10 אֱלֵי שַׁמַרְתָא שַׁאַחֲנִי
11 הַנָא שַׁעַקַּר צְמַמִית וּאַחְלוּנִי אֱלֵי 12 שַׁעַקַּר צְמַמִית : דַרְיָוֻשׁ סַרָא 13 יִקְבִּי · אִן צְלֵי שַׁאֲרַמְזְדָא הַגַּנִת 14 מַתַּת
שַׁהַנָא יִעְבְשָׁא שַׁהַנְנָא יִבְחֲרָא · 15 פַּרַם מַדַי וּמַתַּת שַׁנַת וּ 16 לְשַׁן שַׁנַת שַׁשַּׁדִי וּמָתָא · שַׁאַחֲנִי 17 הַנָא שַׁמַרְתָא
וּאַחְלוּנִי אֱלֵי 18 שַׁמַרְתָא וּאַחֲנִי הַנָא שַׁעַקַּר 19 צְמַמִית וּאַחְלוּנִי אֱלֵי 20 שַׁעַקַּר צְמַמִית · לִבּוּ שַׁאַנְכוּ 21 נִעַם
אַשְׁכְּנָשֶׁן · שַׁאַנְכוּ 22 אֶעְבְשׁ · נַבִּי אִן צְלֵי אֲרַמְזְדָא 23 אֶעְתְּבְשׁ · אַנְכוּ אֲרַמְזְדָא לִצַּר 24 אַתִּי אֱלָהֵי נַבִּי · אַנְכוּ
וּשַׁאַנְכוּ אַבַּל :

Tels sont les textes trilingues dont nous avons cru devoir donner l'explication. Nous avons voulu étendre, autant que possible, la base sur laquelle il faut asseoir l'interprétation des inscriptions babyloniennes et ninivites. On comprend notre préoccupation à cet égard. Dorénavant il ne s'agira plus d'invoquer le secours d'une traduction; il faudra marcher seul, sans autre assistance que celle que nous fournissent ou les textes dans leur ensemble, ou les principes de la philologie comparée. Mais combien nombreux sont les écueils que nous aurons à éviter et auxquels nous n'échapperons peut-être pas toujours! Notre interprétation ne se portera pas que sur une seule sorte d'inscription; nous en verrons qui appartiennent à des ordres d'idées bien différents. Un mot, une syllabe bien comprise, peuvent nous mettre sur la voie de la vérité; mais aussi, en revanche, il faudra bien peu de chose pour nous écarter du droit chemin et nous laisser pendant assez longtemps dans notre erreur. Car les racines d'une langue, et surtout d'un dialecte sémitique, se prêtent à beaucoup d'interprétations, et, si l'on ne se défie pas de ses rapides progrès, si l'on n'est pas en garde contre sa propre sagacité, on arrivera à des résultats qui peuvent intéresser un instant par leur nouveauté, mais qui seront renversés par des appréciations moins brillantes peut-être, mais plus solides.

Le lecteur jugera, du reste, des efforts que nous avons faits pour porter la lumière dans ces ténèbres. Nous n'avons pas la prétention d'avoir allumé un flambeau dont la clarté fasse ressortir tous les traits du tableau; nous croyons seulement avoir éclairé les faits de sorte qu'on puisse se rendre compte de la nature de l'objet représenté.

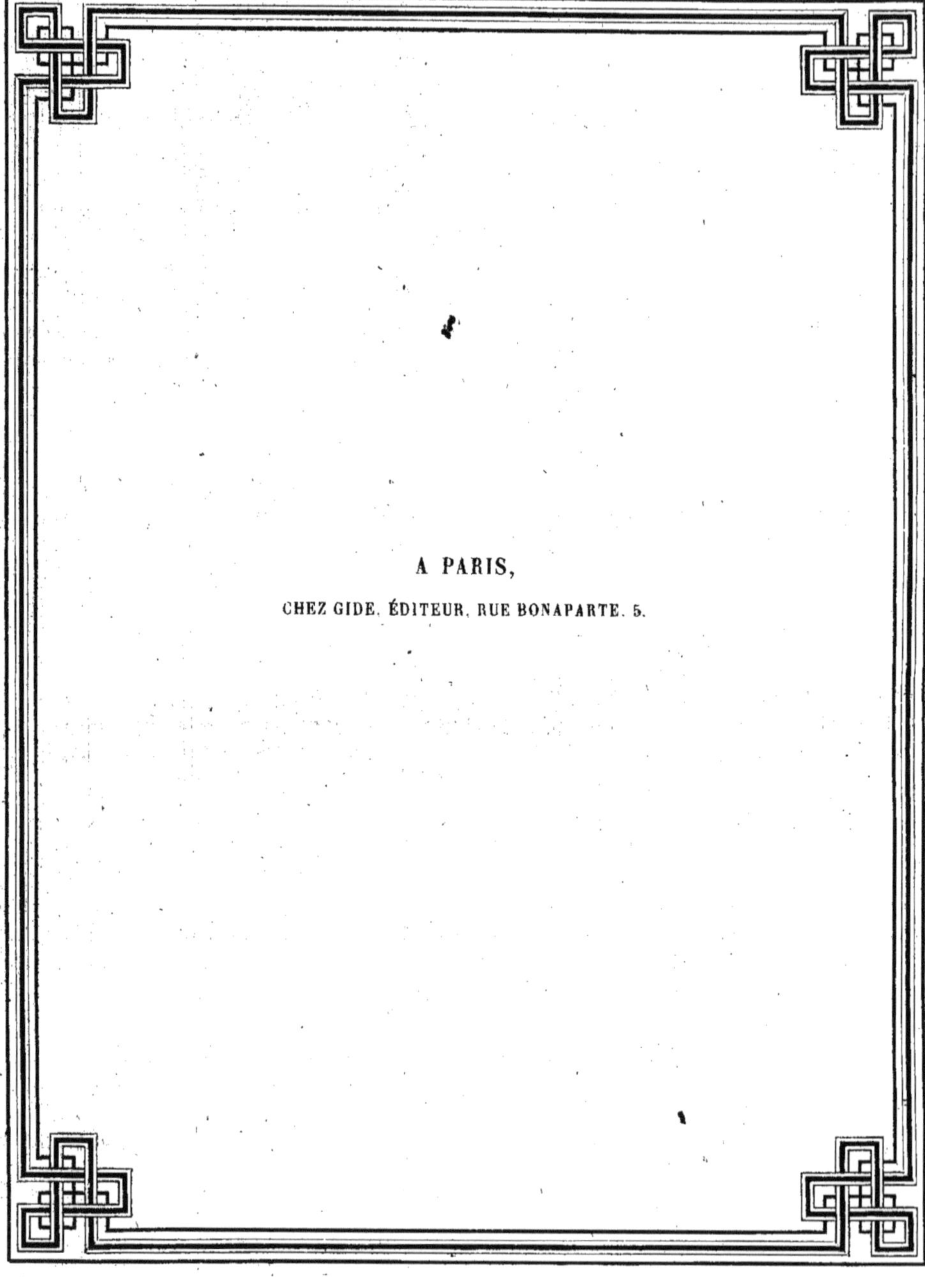

A PARIS,

CHEZ GIDE, ÉDITEUR, RUE BONAPARTE, 5.

www.ingramcontent.com/pod-product-compliance
Ingram Content Group UK Ltd.
Pitfield, Milton Keynes, MK11 3LW, UK
UKHW020152200726
13856UKWH00003B/952

9 782011 946799